Giorgio Demontis, Luciano Cadoni, Fabio Sassu

STATISTICHE DELLE ESPLOSIONI NEI CEREALI E VALUTAZIONE DEL RISCHIO

Statistics and Likelihood of Grain Explosions

Avvertenze:

Il presente lavoro è stato controllato più volte con la massima cura e diligenza.

Stante la grande quantità di numeri e concetti esposti può esservi comunque ancora qualche errore o imprecisione, di cui si declina ogni responsabilità. Essendo stato fornito il metodo di calcolo e le fonti di dati pubbliche di base, rimane sotto la esclusiva responsabilità degli utilizzatori verificare quanto utilizzato.

Nel caso troviate errori sarete menzionati e vi verrà inviata una copia elettronica aggiornata.

Rev.31 1115

ISBN 978-1-4452-4459-4

Vincent Van Gogh

Mietitura a La Crau con Montmajour sullo sfondo
Harvest at La Crau, with Montmajour in the Background
1888, olio su tela, 73 x 92 cm, Van Gogh Museum, Amsterdam

Scritto tra/Written between 2007-2009
Pubblicato per la prima volta/First Published Settembre 2009

ISBN 978-1-4452-4459-4

Indice generale

STATISTICHE DELLE ESPLOSIONI NEI CEREALI E VALUTAZIONE DEL RISCHIO..............1
  I PREMESSA...5
  II RIASSUNTO - ABSTRACT..9
  III IMPOSTAZIONE STATISTICA 10
    III.1 Terminologia..10
    III.2 Approccio italiano al rischio..11
    III.3 Il paradosso di Siddi..12
  IV ESPLOSIONE DELLE POLVERI...14
    IV.1 Generalità...14
    IV.2 Esplosione delle polveri di cereale...15
      IV.2.1 Cause di esplosione...15
      IV.2.2 Prevenzione delle esplosioni 16
    IV.3 Dinamica delle esplosioni Nelle polveri di cereale...18
  V ANALISI STORICA DELLE ESPLOSIONI NEI CEREALI......................................19
    V.1 Generalità..19
    V.2 Analisi di alcune esplosioni documentate...23
  VI STUDI SULLE ESPLOSIONI NEGLI USA...26
    VI.1 Dati da pubblicazioni OSHA (Occupational Safety & Health Administrations)..............29
    VI.2 Dati da pubblicazioni KSU, Kansas State University.......................................33
    VI.3 Produzione totale di grani USA 1958-2005..34
  VII IL PROBLEMA DELLE CONVERSIONI..36
  VIII INCIDENZA DI ACCADIMENTO DI UNA ESPLOSIONE NEI CEREALI.........38
    VIII.1 Generalità..38
    VIII.2 Determinazione della incidenza media di accadimento di esplosione............39
  IX DATI DI BASE...42
    IX.1 Generalità...42
    IX.2 Produzione di cereali USA..44
      IX.2.1 Anni non regolamentati (1972-1988). 44
      IX.2.2 Sintesi delle produzioni di cereali negli USA periodo 1972-1988............45
      IX.2.3 Anni regolamentati da OSHA..46
      IX.2.4 Sintesi delle produzioni di cereali negli USA periodo 1989-2005............46
  X INDICI STORICI DI ESPLOSIONE PER TIPO DI CEREALE.................................47
    X.1 Generalità..47
    X.2 Incidenze delle esplosioni per tipo di cereale...49
      X.2.1 Periodo non normato 1982-1988...49
      X.2.2 Periodo normato 1989-1998...50
      X.2.3 Periodo normato 1999-2005...51
      X.2.4 Sintesi Periodo Normato, dal 1989 al 2005..52
  XI ULTERIORI RIPARTIZIONI DELLE ESPLOSIONI..55
    XI.1 Generalità...55
    XI.2 Ripartizione in base al tipo di attività..55
    XI.3 Incidenza media di esplosione negli stoccaggi...57
  XII STIMA DELLA FREQUENZA ATTESA DI ESPLOSIONE DEI CEREALI...........58
    XII.1 Generalità..58
    XII.2 Mais...59
    XII.3 Frumento..61
    XII.4 Variazione incidenza attesa annua di esplosione per i cereali..........................63
    XII.5 Tempo di ritorno di esplosione per i cereali..63
  XIII ESPLOSIONI, MORTI E FERITI...64
  XIV COME UTILIZZARE I VALORI TROVATI..68

XIV.1 Primo scenario..68
XIV.2 Secondo scenario..71
XV PROBABILITA DI ACCADIMENTO E STANDARD INTERNAZIONALI......................72
XVI STIMA DELLE PROBABILITA DI ACCADIMENTO..76
    XVI.1 Esplosioni Attese per anno..76
    XVI.2 Esplosioni Attese per ora operativa..78
    XVI.3 Frequenze Attese in Italia...80
XVII CONCLUSIONI...82
XVIII ALLEGATO A 84
    XVIII.1 DATI SULLE ESPLOSIONI...84
        XVIII.1.1 Esplosioni per tipo di cereale...84
        XVIII.1.2 Esplosioni per tipo di attività..86
XIX ALLEGATO B 91
    XIX.1 SCHEDE DEI CEREALI...91
        XIX.1.1 Scheda frumento...91
        XIX.1.2 Scheda mais..92
XX ALLEGATO C...93
    XX.1 CARATTERISTICHE DEI CEREALI..93
        XX.1.1 Informazioni dal database HVBG..93
    XX.2 Proprietà delle polveri di frumento – Wheat Dust Property.........................94
    XX.3 Proprietà delle polveri di mais – Corn Dust Property................................95
    XX.4 Polveri di cereali miste – Mixed Grain Dust Property...............................95
    XX.5 Polveri di frumento...96
    XX.6 Polveri di mais..105
    XX.7 Polveri di cereali miste..109
    XX.8 Polveri d'avena...111
    XX.9 Polveri d'orzo...112
    XX.10 Polveri di segale..115
    XX.11 Polveri di riso..116
XXI FONTI PRINCIPALI UTILIZZATE..118
    XXI.1 Internazionali..118
    XXI.2 Europee..118
APPENDICE..120
    A.1) Valori del US bureau of mines 121
    A.2) Produzione italiana di Frumento...122
    A.3) Stato attuale della legislazione Italiana ed Europea.................................123
    A.4) Determinazione del valore medio convenzionale della vita umana................124

I PREMESSA

Ogni anno nel mondo si verificano incidenti durante le fasi di lavorazione dei cereali, il principale nutrimento umano ed animale.

I principali cereali coltivati nel mondo sia per l'alimentazione umana che per quella degli animali sono Mais, Riso, Frumento, Orzo. L'andamento dei raccolti negli ultimi 50 anni, ricavato da dati pubblicati dalla FAO, *(www.fao.org/corp/statistics/en/).* è riportato nell'illustrazione 1:

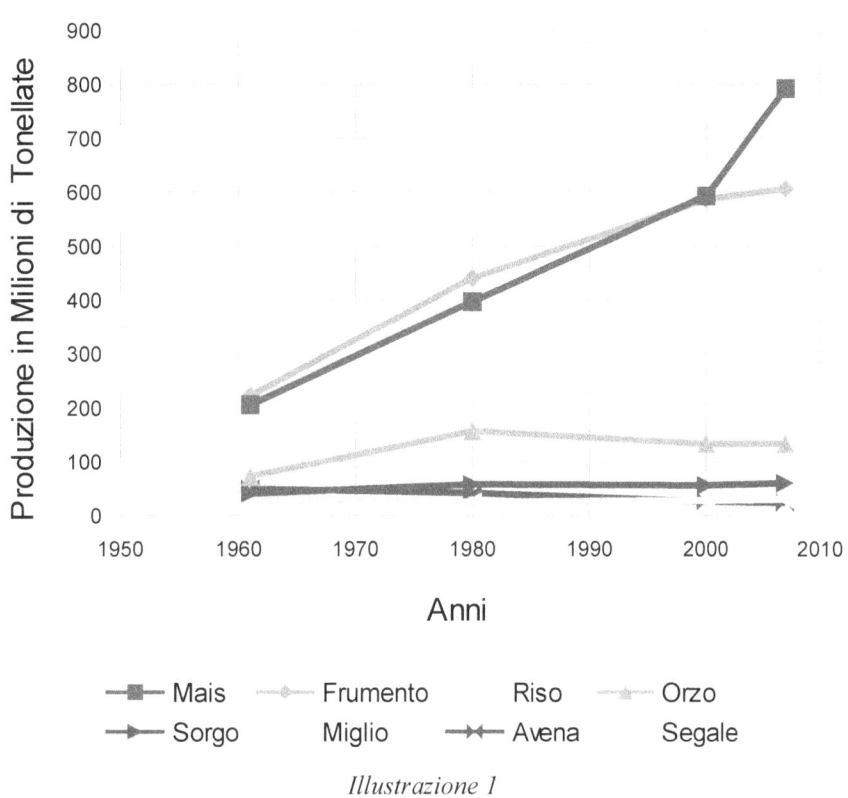

Illustrazione 1

Nel presente lavoro, tramite l'applicazione di un metodo generale basato sull'utilizzo di serie storiche di dati, otterremo la valutazione numerica dei rischi di esplosione nelle lavorazioni di cereali.

L'idea di determinare la probabilità di esplosione dei cereali è nata dopo la lettura di uno studio effettuato dall'OSHA *(Occupational Safety & Health Administrations, ente governativo USA per la sicurezza e salute sul lavoro)* nel 2003 per giustificare la validità e l'efficacia dei propri regolamenti.

Per raggiungere l'obbiettivo sono state utilizzate le statistiche delle esplosioni relative alle polveri di cereali messe a disposizione dall'università dello Stato del Kansas ed i dati disaggregati delle produzioni agricole USA messe a disposizione dal NASS *(National Agricultural Statistical Service).*

Unendo le informazioni raccolte è stato possibile determinare l'attesa media di accadimento di una esplosione per tipo di cereale, la ripartizione delle esplosioni per tipo di attività, l'incidenza della mortalità per esplosione.

Non è stato possibile definire né la distribuzione delle esplosioni per tipo di attività in funzione della quantità di prodotto trattato né dei decessi per prodotto in quanto non sono risultate disponibili abbastanza informazioni. Quanto fatto ha consentito tuttavia di ottenere, basandosi su dati statistici pubblici Americani, dei valori numerici di riferimento, distinti per tipo di cereale e per tipo di attività svolta, sia della probabilità di esplosione che della probabilità di avere un ferito od un decesso.

I cereali analizzati sono quelli per cui sono state trovate rilevazioni statistiche ovvero Avena, Frumento, Mais, Orzo, Riso, Segale, Sorgo.

Le produzioni in tonnellate nel 2007 di cereali, parzialmente aggregate, sono state, in base ai dati FAO:

Produzioni di cereale nel 2007 in tonnellate / Year 2007 Production of grain, tons Fonte: FAO								
	Mais Maize	Riso Rice	Frumento Wheat	Orzo Barley	Sorgo Sorghum	Avena Oat	Segale Rye	Totale Total
Italia Italy	9.891.362	1.493.200	7.260.309	1.205.638	200.343	407.315	7.685	20.465.852
	1,25%	0,23%	1,20%	0,90%	0,32%	1,64%	0,05%	0,90%
UE	53.314.392	2.725.137	120.197.761	57.632.405	528.201	8.811.119	7.621.902	250.830.917
	6,73%	0,41%	19,83%	43,19%	0,83%	35,39%	51,70%	11,01%
Cina China	151.948.870	187.397.460	109.298.296	3.451.000	2.434.895	350.000	300.000	455.180.521
	19,19%	28,41%	18,04%	2,59%	3,84%	1,41%	2,04%	19,97%
USA	331.175.072	8.999.230	55.822.700	4.574.520	12.635.730	1.312.590	201.020	414.720.862
	41,83%	1,36%	9,21%	3,43%	19,94%	5,27%	1,36%	18,20%
Russia Russian	3.953.240	708.630	49.389.360	15.663.110	37.610	5.407.000	3.910.290	79.069.240
	0,50%	0,11%	8,15%	11,74%	0,06%	21,72%	26,53%	3,47%
India	18.960.000	144.570.000	75.800.000	1.330.000	7.150.000			247.810.000
	2,39%	21,92%	12,51%	1,00%	11,28%	0,00%	0,00%	10,87%
Totale	569.242.936	345.893.657	417.768.426	83.856.673	22.986.779	16.288.024	12.040.897	1.468.077.392
	71,89%	52,44%	68,94%	62,85%	36,27%	65,42%	81,68%	64,42%
Mondo World	791.794.584	659.590.623	605.994.942	133.431.341	63.375.602	24.897.095	14.741.248	2.279.084.187

Tabella 1 Le percentuali sono riferite alla produzione mondiale.

La tabella fornisce una idea della produzione di cereali USA rispetto al resto del mondo e quindi anche dell'importanza della base di dati utilizzata.

Nella tabella le percentuali riportate sono riferite al totale della produzione mondiale. Ad esempio il mais prodotto in Italia rappresenta 9.891.362/791.794.584= 1,2492 % della produzione mondiale

Negli Stati Uniti nel 2007 si è avuto oltre il 41% della produzione mondiale di mais ed oltre il 9% della produzione mondiale di frumento. Nei soli Stati Uniti nel 2007 è stato prodotto circa 1/5 del raccolto mondiale di cereali. In Europa nel 2007 si è avuto oltre il 6% della produzione di mais mondiale ed oltre il 19% della produzione mondiale di frumento. Il raccolto Europeo di cereali nel 2007 corrisponde a circa il 10% del raccolto mondiale di cereali. I paesi migliori per effettuare statistiche per via delle quantità prodotta e dell'uniformità legislativa sarebbero la Cina o l'India per il riso, gli Stati Uniti per il Mais, l'Europa o la Cina per il frumento, l'Europa per la segale.

Le illustrazioni sottostanti sono state elaborate su dati tratti dai database online FAO.

Produzione mondiale di Mais, anno 2007

Maize Mondial Production, year 2007

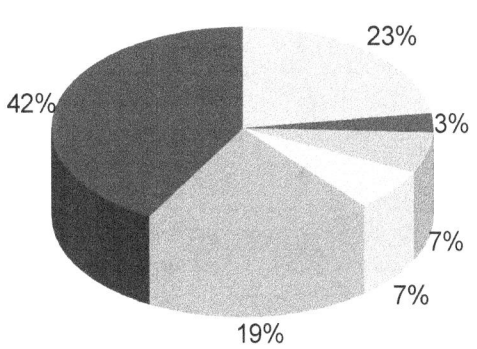

- USA
- China
- Europa
- Brazil
- Mexico
- Altri

Illustrazione 2

Produzione mondiale di Riso, anno 2007

Rice Mondial Production, year 2007

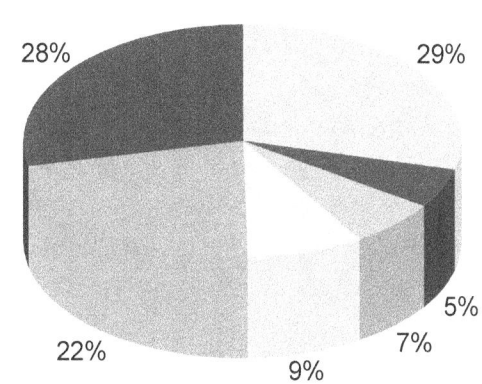

- China
- India
- Indonesia
- Bangladesh
- Viet Nam
- Altri

Illustrazione 3

Produzione mondiale di Frumento, anno 2007

Wheat Mondial Production, year 2007

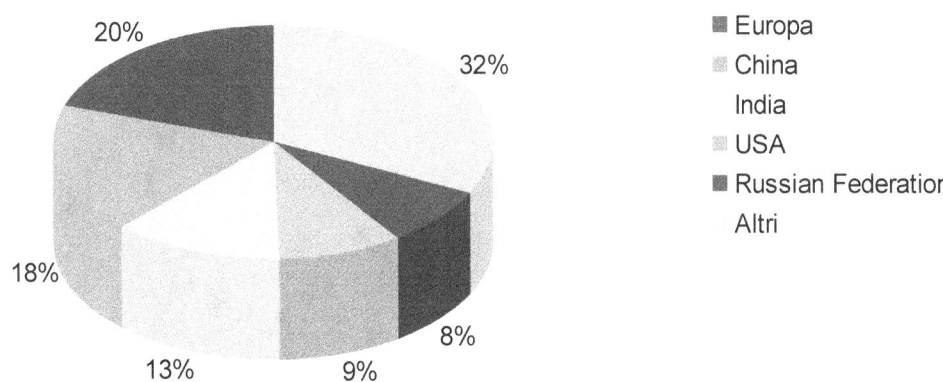

- Europa
- China
- India
- USA
- Russian Federation
- Altri

Illustrazione 4

Si riportano le traduzioni di alcuni termini inglesi incontrati frequentemente nelle ricerche sui cereali.

Traduzioni di termini in lingua Inglese trovati in letteratura		
Parola Inglese English Word	Traduzione Italiana Italian Translation	Francese/Tedesco/Spagnolo French/German/Spanish Translation
Barley	Orzo	Orge /Gerste / Cebada
(Harvest)Bin	Contenitore	Comporte/Silo/Contenedor
Bran	Crusca, parte esterna del chicco	Son/Kleie/Salvado
Corn	Cereale in Genere (EN), Mais (USA)	
Durum semolina	Semola di grano duro	Semoule de Blé Dur/ HartweizenGrieß /Semola de Trigo Duro
Grain	Inteso come chicco o seme di cereale o cereali	Grain/Korn/Grano
Harvest	Raccogliere i frutti, mietitura nel caso del frumento	Récolte/Ernte/Cosecha
Maize	Mais (Zea Mays o Indian corn (USA)) o granoturco in italiano	Maïs /Mais/Maís
Moist	Umido	Humide/Feucht/Humedo
Moisture	Umidità	Humidité/Feuchtigkeit/Humedad
Mites	Acari	Acariens/Milben/Mite
Mould	Muffa	Moisissure/Schimmelpilz/Moho
Oat/Oats	Avena	Avoine/Hafer/Avena
Rye	Segale	Seigle/Roggen/Centeno
Seed	Seme	Graine/Same/Semilla
Spoilage	Danneggiamento, Deterioramento	Putréfaction/Fäulnis/Putreffaciòn
Wet	Bagnato, Umido	Mouillé/Nass/Mojado
Wheat	Frumento	Blé/Weizen/Trigo
Wheat Common o bread wheat	Triticum Aestivum, Grano Tenero o grano da pane	Blé tendre/Weichweizen/Trigo candeal
Wheat Durum o Macaroni wheat	Triticum Turgidum Durum, grano duro o grano da pasta	Blé dur/Hartweizen /Trigo Duro
Yeat	Lievito	Levure/Hefen/Levadura

Tabella 2

Illustrazione 5: BGIA, *Explosion cloud,*
Esplosione

II RIASSUNTO - ABSTRACT

Ogni anno nel mondo si verificano esplosioni durante le fasi di lavorazione dei cereali, il principale nutrimento umano ed animale.

Attualmente non risulta disponibile in Italia una stima numerica della probabilità di accadimento di una esplosione nelle lavorazioni dei cereali né stime del rischio associato a tali eventi in termini di vittime attese.

La probabilità di accadimento è una delle componente basilari delle analisi di rischio. Il rischio R è definito come un valore numerico determinato da $R = P \times D$, dove P è la probabilità di accadimento dell'evento e D è il Danno associato all'evento.

Il presente lavoro si propone di stimare per i cereali, tramite metodi razionali, il valore medio della probabilità di esplosione P, la quantità di ritorno, il tempo di ritorno ed il rischio R inteso come probabilità di accadimento di un danno agli operatori, quale decesso od infortunio. La determinazione della quantità di ritorno e del tempo di ritorno aiuta a valutare, ricordare e confrontare rapidamente fra loro le diverse frequenze di esplosione nelle lavorazioni dei cereali.

Each year in the world happen explosions related to grain handling, the basic human and animal feed.

Actually in Italy is not available a method to estimate the quantitative likelihood (probability) of an explosion in grain handling facilities or the risk estimates associated with these events in terms of casualties expected.

The probability is a basic component of risk analysis. Risk R is defined as numeric value determined by $R = P \times D$ where P is the probability of a event and D is the Damage associated to the event.

Here we show that is possible estimate for cereals, via rational methods, the mean value of likelihood of explosion P, the quantity of return, the time of return and the risk R meaning the likelihood of occurrence of casualties to operators, such as death or injury.

Time and quantity of return determination helps to well understand explosion risk in grain handling facilities.

III IMPOSTAZIONE STATISTICA

III.1 TERMINOLOGIA

Si riportano alcune definizioni standard riprese dalla pubblicazione internazionale ISO/IEC Guide 73:2002 Risk management -Vocabulary - Guidelines for use in standards (*Management du risque - Vocabulaire - Principes directeurs pour l'utilisation dans les normes*)
In Italiano: La gestione dei rischi - Vocabolario - Linee guida per l'uso nelle norme

ISO/IEC Guide 73 Vocabulary-Vocabulaire-Vocabolario			
	Basic terms	**Termes de base**	**Termini di base**
Word/Mot /Parola	Original English	Originale Française	Tradotto in Italiano
1 Risk/ Risque/ Rischio	Combination of the **probability (3)** of an **event (4)** and its **consequence (2)**	Combinaison de la **probabilité (3)** d'un **événement (4)** et de ses **conséquences (2)**	Combinazione della **probabilità (3)** di un **evento (4)** e della sue **conseguenze (2)**
2 Consequence/ Conséquence/ Conseguenze	Outcome of an **event** (4)	Résultat d'un **événement (4)**	Esito di un Evento(4)
3 Probability/Probabilité/ Probabilità	Extent to which an **event** (4) is likely to occur	Degré de vraisemblance pour qu'un **événement** (4) se produise	Misura della possibilità che si verifichi un **evento** (4)
4 Event/ Evénement/ Evento	Occurrence of a particular set of circumstances.	Occurrence d'un ensemble particulier de circonstances.	Verificarsi di un particolare insieme di circostanze.

Tabella 3:Definizioni secondo lo standard ISO/IEC

Su alcuni termini vi è spesso molta confusione in quanto dipendono dal contesto in cui sono utilizzati e sono definiti con lo stesso nome in vari standard.

Ad esempio un altro standard riconosciuto e utilizzato a livello internazionale è:
AS/NZS 4360:2004: *Risk Management, Australian/New Zealand Standard.* In detto standard sono riportate e spiegate le seguenti definizioni:

Event   : Occurrence of a particular set of circumstances
Frequency   : A measure of the number of occurrences per unit of time.
Frequenza   : La misura del numero di accadimenti per unità di tempo

Likelihood   : used as a general description of probability or frequency
*   NOTE: Can be expressed qualitatively or quantitatively.*

Probability   : a measure of the chance of occurrence expressed as a number between 0 and 1
Probabilità   : La misura della possibilità di accadimento espresso come un numero compreso fra 0 ed 1.

The English-language version of this Standard uses the word 'likelihood' to refer to the chance of something happening, whether defined, measured or estimated objectively or subjectively, or in terms of general descriptors (such as rare, unlikely, likely, almost certain), frequencies or (mathematical) probabilities.

Lo standard AS/NZS chiarisce che il termine "likelihood" è relativo alla possibilità che qualcosa accada, comunque definito, misurato o stimato obbiettivamente o soggettivamente, tramite descrittori generici (come raro, non probabile, probabile, molto certo), frequenze o (matematiche) probabilità.
Nello standard AS/NZS il termine likelihood viene definito equivalente alla definizione di probabilità usata nella ISO/IEC Guide 51, in quanto probabilità formalmente è un valore numerico compreso fra 0 ed 1.

Nel presente lavoro:
I termini **Rischio, Probabilità, Evento** saranno usati in accordo con le definizioni ISO/IEC 73 sopra riportate.

Il termine **frequenza** verrà inteso come:
Numero di volte che un **evento (4)** <u>si è verificato</u> **in un periodo di tempo definito, in base ad una serie storica di osservazioni.** Il termine identifica un indice basato su eventi successi in passato.

Il termine **frequenza attesa** verrà inteso come:
Numero di volte che un **evento (4)** <u>potrà verificarsi in futuro,</u> **in un periodo di tempo definito, in base ad una serie storica di osservazioni.** Il termine identifica un indice statistico previsionale basato su eventi successi in passato. Le frequenze descrivono quindi una relazione fra gli eventi ed il tempo. Il termine frequenza attesa ed il termine probabilità come definito nella guide 73:2002 risultano nel presente lavoro equivalenti

Il termine **rapporto statistico** verrà inteso come rapporto fra due grandezze legate da una relazione logica, di cui almeno una di natura statistica. Lo scopo di un rapporto statistico è di eliminare le componenti che non renderebbero confrontabili i dati.

Il termine **Incidenza** verrà verrà inteso come:
Numero di volte che un **evento (4)** <u>si è verificato</u> **rispetto ad una quantità definita, in base ad una serie storica di osservazioni.** Il termine identifica un rapporto statistico basato su su una serie storica di osservazioni rilevate.

Il termine **Incidenza attesa** verrà verrà inteso come:
Numero di volte che un **evento (4)** <u>potrà verificarsi</u> **rispetto ad una quantità definita, in base ad una serie storica di osservazioni.** Il termine identifica un rapporto statistico previsionale basato su una serie storica di osservazioni del passato.

III.2   APPROCCIO ITALIANO AL RISCHIO

Nell'approccio italiano il rischio è sostanzialmente definito come **la probabilità di un evento con conseguenze sulle persone**, concetto lievemente diverso da **la combinazione della probabilità di un evento e delle sue conseguenze.** Praticamente il verificarsi di conseguenze sulle persone è considerato il danno; talvolta l'indicatore è posto pari ad uno facendo così coincidere numericamente il rischio con la probabilità di un evento con conseguenze sulle persone.

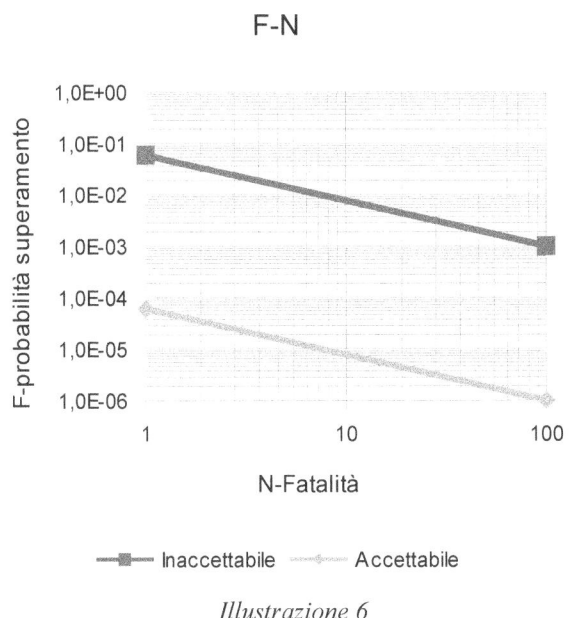

Distribuzione cumulata complementare

F-N

Illustrazione 6

Ad esempio:
Nel Decreto Ministeriale del 10 Marzo 1998 - *Criteri generali di sicurezza antincendio per la gestione dell'emergenza nei luoghi di lavoro, allegato I*- il rischio di incendio è così definito: probabilità che sia raggiunto il livello potenziale di accadimento di un incendio e che si verifichino conseguenze dell'incendio sulle persone presenti.

Nel Decreto Legislativo n. 264 del 5 Ottobre 2006 - *Attuazione della direttiva 2004/54/CE in materia di sicurezza per le gallerie della rete stradale transeuropea* - il rischio accettabile in una galleria stradale è definito in forma grafica nell'allegato 3 punto 4 al decreto. Il rischio accettabile è espresso in funzione delle fatalità e della probabilità di superamento, come si evince dall'illustrazione 6.

III.3 IL PARADOSSO DI SIDDI

Per chiarire meglio i termini probabilità, danno, rischio ed evidenziare come spesso si possa confondere il rischio con la probabilità, esponiamo un esempio didattico numerico.

Scenario:

Un motociclista, mentre percorre una lunga e ripida discesa terminante in un incrocio, si accorge della rottura dei freni. Essendo veloce e non avendo possibilità di fermarsi accelera il più possibile: dal suo punto di vista quanto più velocemente avesse attraversato l'incrocio tanto più avrebbe avuto possibilità di cavarsela.

Il pilota, ritenendo di essere un moto-bersaglio, decideva di ridurre il suo rischio basandosi sul fatto che chi avesse voluto prenderlo avrebbe avuto sempre meno tempo a disposizione per colpirlo. Da qui l'aspetto un po' paradossale per cui tanto maggiore è la velocità di attraversamento dell'incrocio stradale tanto minore è il rischio del pilota.

Discussione:

Se è vero che per un bersaglio la possibilità P di essere colpito risulta proporzionale al tempo di esposizione allora tanto maggiore è la velocità tanto minore è il tempo di esposizione:

$$P = f(Tempo_{ESPOSIZONE}) = f\left(\frac{1}{Velocità}\right)$$

Sembrerebbe quindi che attraversare l'incrocio accelerando il più possibile sia una soluzione plausibile.

La possibilità P di essere colpito tuttavia non è tutto: il danno fisico D conseguente ad un impatto è legato alla velocità, sicuramente in termini non lineari.

Si ha quindi che il danno D associato ad un impatto, varia più rapidamente della probabilità di impatto, che è in questo caso lineare. Se a 20 km/h mi procuro dei danni a 100 km/h mi procurerò dei danni verosimilmente molto maggiori di cinque volte di quelli che avrei avuto impattando a 20 km/h. In prima approssimazione si può ipotizzare che il danno sia legato almeno all'energia cinetica e quindi al quadrato della velocità:

$$Danno = Velocità^2$$

All'aumentare della velocità diminuisce il tempo di esposizione, tuttavia il danno aumenta molto più rapidamente della diminuzione del tempo di esposizione.

Il rischio R, inteso come R= P x D, nonostante la probabilità P di essere colpito diminuisca, aumenta.

$$Rischio = \frac{1}{Velocità} \cdot Velocità^2 = Velocità$$

La decisione del pilota era quindi sbagliata ?

Dal punto di vista della probabilità di essere colpito no.
Dal punto di vista del proprio danno aveva ragione da una certa velocità in poi.
Oltre una certa velocità Vk il proprio danno D rimane pari ad una costante K: la trasformazione in de cuius del pilota è il massimo danno per il pilota stesso.

Dal momento in cui il centauro raggiunge la velocità Vk che gli garantisce la dipartita, con l'aumentare della velocità il danno del pilota non aumenta, mentre la probabilità P di essere colpito diminuisce.

Il rischio R=P x D da tale valore Vk di velocità diminuisce.

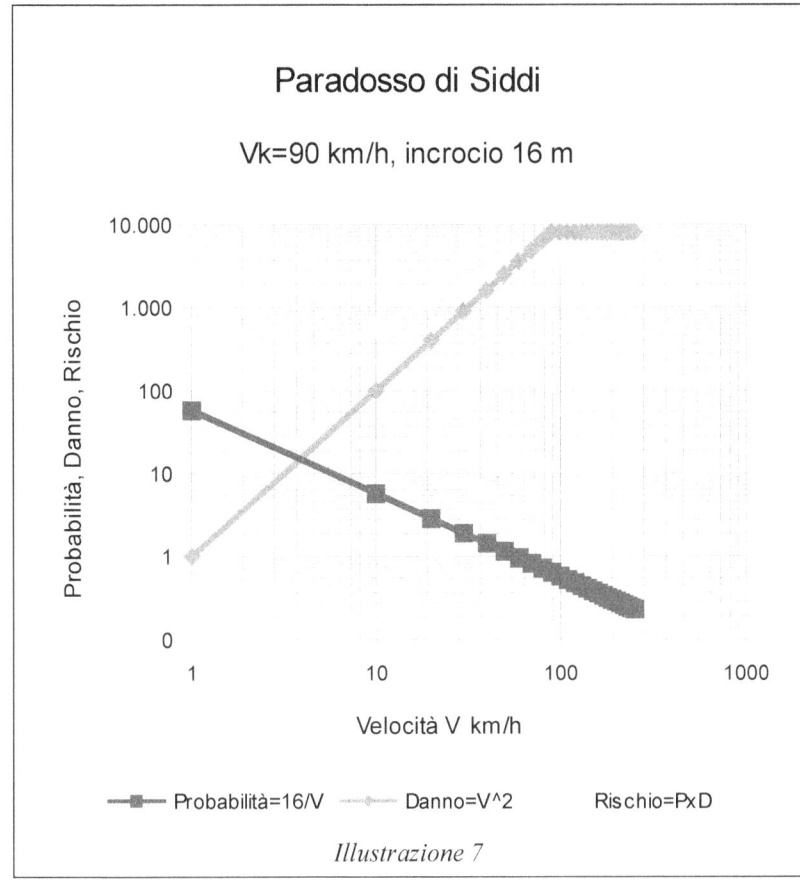

Paradosso di Siddi

Vk=90 km/h, incrocio 16 m

Illustrazione 7

Nell'illustrazione 7 viene riportato graficamente quanto esposto per un incrocio largo 16 metri.

In accordo con quanto sopra espresso se Vk=90 Km/h a 200 km/h ho un rischio R pari a:

$$R(200)=\frac{16}{[\frac{200\cdot1000}{3600}]}\cdot90^2=2\,332.$$

praticamente equivalente al rischio R presente a 40 km/h pari a:

$$R(40)=\frac{16}{[\frac{40\cdot1000}{3600}]}\cdot40^2=2\,304.$$

Il rischio massimo vale:

$$R(90)=\frac{16}{[\frac{90\cdot1000}{3600}]}\cdot90^2=5\,184.$$

Quanto esposto è il paradosso di Siddi, che focalizza ed evidenzia le differenze ed indipendenze fra i concetti di probabilità, danno e rischio.

Il nome del paradosso deriva dal suo inventore, Franco Siddi, scomparso nel 1997.

IV ESPLOSIONE DELLE POLVERI

IV.1 GENERALITÀ

L'esplosione è parente della combustione. Perché possa avvenire una esplosione è necessario che vi siano gli stessi tre ingredienti base della combustione. La combustione in generale è definita come un processo chimico in cui una sostanza (**1-combustibile**) reagisce con l'ossigeno dell'aria (**2-comburente**) producendo energia (esotermicamente).

La reazione chimica è scatenata da una fiamma o da una scintilla.(**3-fonte di ignizione**).

Oltre alla presenza dei suddetti tre elementi per ottenere una esplosione di polveri ne sono necessari altri due:

4-Dispersione della polvere in sufficiente quantità e concentrazione

5-Confinamento della nuvola di polvere in luogo chiuso.

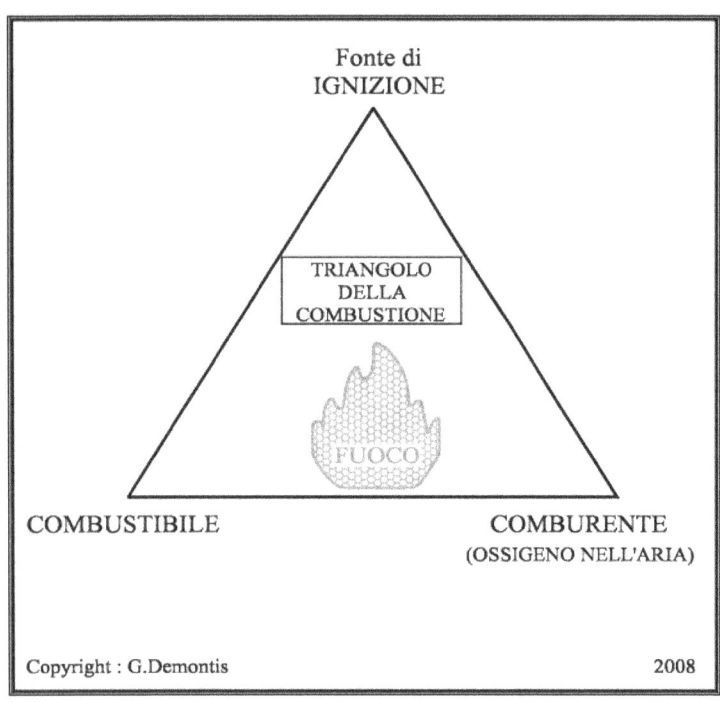

Illustrazione 8: Triangolo della combustione

L'illustrazione 9 viene definita il pentagono dell'esplosione mentre la combustione è definita in genere mediante un triangolo, come nell'illustrazione 8.

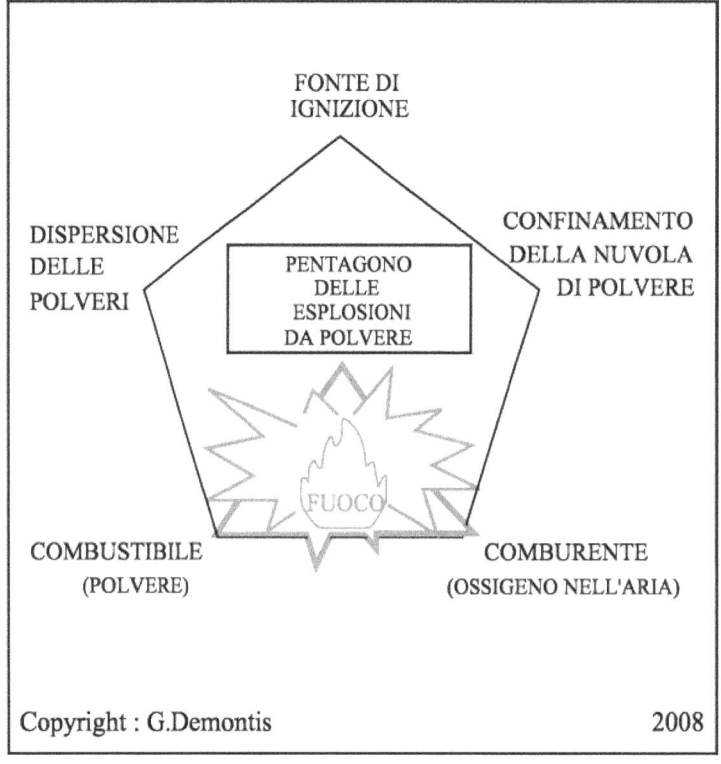

Illustrazione 9: Pentagono della esplosione da polvere

La velocità con cui la reazione chimica si propaga nell'ambiente confinato è importante.

Una combustione che avanza a velocità minore della velocità del suono viene chiamata deflagrazione.
Una combustione che avanza a velocità maggiore della velocità del suono viene chiamata detonazione.

Per visualizzare meglio la velocità di propagazione della combustione immaginiamo di prendere un tronco di legna lungo circa 40 cm. Incendiamolo in un estremo e noteremo che la fiamma avanza nel legno con velocità dell'ordine di cm al minuto.
Tanto più la combustione si propaga velocemente tanta più energia viene liberata nell'unità di tempo. Alla combustione viene in genere associata la produzione di gas, luce e calore. La produzione di gas genera un aumento di pressione. Nelle polveri di cerali la pressione massima misurata si aggira sugli 8-10 bar.
Per chi vuole osservare uno splendido esempio in cui si evidenzia il differente comportamento della polvere depositata rispetto a quella dispersa in aria e vedere una bella fiammata da polvere dispersa esistono alcuni filmati in: *http://www.angelo.edu/faculty/kboudrea/demos/lycopodium/lycopodium.htm*

IV.2 ESPLOSIONE DELLE POLVERI DI CEREALE

IV.2.1 Cause di esplosione

Esistono diverse pubblicazioni, a vari livelli, che si occupano delle esplosioni di cereali.
Tutte concordano sul fatto che per la genesi di una esplosione da polvere di cereali non basta la presenza di aria, di polvere dispersa nell'aria quale combustibile e di una fonte di accensione adeguata: è necessario che la polvere sia in quantità opportuna e comunque in quantità superiore al LEL o MEC, il limite minimo di concentrazione al di sotto del quale non si ha combustione.
LEL è l'abbreviazione di Lower Explosive Limit, MEC di Minimum Explosive Concentration.
In Italia viene riferito come LIE, Limite Inferiore di Esplosività.
Il LEL varia nei principali cereali da 50 a 65 g/mc, (*US Bureau of Mines, 1961, vedi appendice A.1*). Va specificato che tali valori sono stati ricavati su dei campioni di polvere passanti al vaglio da 200 mesh, 74 micrometri (la conversione da mesh in mm è secondo ASTM-DIN). Diversi valori del LEL, determinati in Germania, non aggregati ed eseguiti su diverse granulometrie e su diversi cereali sono stati riportati nell'allegato C.
Le quantità di polveri corrispondenti alle concentrazioni esplosive sono normalmente vietate negli ambienti di lavoro per motivi igienici e di salute dall'EPA, *Environmental Protection Agency*, l'ente governativo americano di protezione ambientale: i valori TLV-TWA delle polveri di cerali sono nell'intorno di 5 mg/mc.

Una polvere con concentrazione prossima al LEL dei cereali non trasmette luce ad una distanza di circa 1 m, *(Prevention of Grain Elevator and Mill Explosions, Appendix B, Dust Explosion, page 120)*, per cui un criterio per stabilire se ci troviamo in campo di esplosività di una polvere di cereali consiste nello stendere il braccio di fronte al proprio naso ed aprire le dita della mano: se non si distinguono le dita si è sicuramente in campo esplosivo.

Altri documenti interessanti sono:
- lo studio sulle esplosioni da polveri di cereale Preventing Grain Dust Explosion, reperibile all'indirizzo:*http://pods.dasnr.okstate.edu/docushare/dsweb/Get/Document-2604/CR-1737web.pdf,*
  emesso dalla università del Kansas, a cura di Ronald T. Noyes, Professor and Extension Agricultural Engineer.

- la pubblicazione Technology and Policy for Suppressing Grain Dust Explosions in Storage Facilities, reperibile all'indirizzo:
  http://www.fas.org/ota/reports/9561.pdf *emesso a cura dell'U.S. Congress, Office of Technology Assessment,OTA-BP-ENV-, Washington, DC, September 1995*

La condizione necessaria per l'esplosione dei cereali è la polvere intimamente presente nei cereali. La polvere di cereale risulta normalmente composta dal 60% al 75% di materia organica e da 25% al 40% da materia inorganica. (*Yoshida e Maybank, 1977*). La quantità di polvere presente nei cereali oscilla in genere da 2 a 10 pounds di polvere per tonnellata (*Parnell ,1998*).

Ora 1 pound corrisponde a 453,592 g per cui la quantità di polvere per tonnellata è compresa fra 0,87 e 4,54 kg: ciò significa che in ogni milione di tonnellate di cereali sono incluse da circa 900 a circa 4.600 tonnellate di polvere.

La relazione dell'accademia Nazionale delle Scienze USA riferisce che in undici mesi e mezzo da un elevatore che trasportò 4.5 milioni di tonnellate furono estratte 13.000 tonnellate di polvere, circa 2.888 tonnellate per milione di tonnellate, in accordo quindi con quanto riportato da Parnell.

La polvere è quindi il presupposto delle esplosioni da polvere, infatti costituisce la sostanza esplosiva: il controllo della polvere, sia dispersa che in strato, risulta quindi fondamentale, insieme al controllo delle fonti di ignizione.

IV.2.2 **Prevenzione delle esplosioni**

Il controllo delle polveri presenti nei cereali viene attuato normalmente tramite impianti di aspirazione pneumatica dedicati in cui le polveri, una volta catturate dal sistema di aspirazione, vengono trasportate e separate tramite appositi separatori. Le polveri, una volta estratte, possono essere messe da parte o, per motivi economici e di smaltimento, reimmesse nel flusso dei grani.

E' stato evidenziato che il sistema di aspirazione delle polveri non sempre abbatte completamente il contenuto di polveri: spesso i sistemi pneumatici riducono la concentrazione delle polveri nell'aria ma rimuovono solo il 5% delle polveri dal flusso dei grani (*Parnell, 1993*).

Misure eseguite nel Westwego export elevator, ricostruito dopo l'esplosione avvenuta nel 1977, a monte ed a valle del sistema di rimozione delle polveri hanno mostrato la mancanza di significativi abbattimenti del contenuto di polveri rispetto alla quantità inizialmente contenuta.

La pratica di reimmettere le polveri una volta aspirate nel flusso dei grani risulta oggetto di ampia discussione, per via del fatto che ci si domanda se riunire nuovamente le polveri con i grani sia una pratica più pericolosa di concentrare e smaltire le polveri estratte.

Al di là delle varie argomentazioni si può citare il fatto che nell'Australia Occidentale, dove la polvere non viene mai reimmessa nel flusso dei grani una volta tolta, non si è verificata una esplosione da polveri di grano nel periodo 1931-1981, circa 50 anni. (*Green E.J.U, 1981*).

Il congresso degli Stati Uniti nel Grain Quality Improvement Act (GQIA) of 1986, HR 5407 [U.S. Congress, 1986] incluse il divieto di reimmettere nel grano le polveri provenienti dalle pulizie dei locali e da silos di accumulo delle polveri. In pratica fu consentito il solo riutilizzo delle polveri provenienti dai sistemi di aspirazione polveri.

Nella pratica quotidiana, non essendo possibile controllare in maniera economica il comburente (Ossigeno) in quanto largamente disponibile nell'aria, per la prevenzione delle esplosioni si procede pertanto in due direzioni: la prima è il controllo delle polveri, la seconda è il controllo delle fonti di ignizione.

Il controllo delle polveri viene generalmente attuato sia mediante aspirazione delle stesse durante le lavorazioni, in quanto fonte primaria del combustibile, sia mediante pulizia dei locali in quanto la polvere depositata rappresenta comunque una fonte importante di combustibile.

Supponiamo di avere un locale alto 5 metri con un pavimento da 100 mq su cui risultano depositati due mm di polvere aventi peso specifico di 700 kg/mc. Il volume della stanza vale 100 x 5=500 mc.

Il peso di polvere depositata per mq risulta pari a 700 x 2/1.000=1,4 kg. Nel locale risultano presenti complessivamente 1,4 x 100=140 kg di polvere.

Supponendo che la polvere depositata si disperda uniformemente nell'aria nel locale si avrebbe una concentrazione pari a 140.000/500=280 g/mc un valore superiore al LEL (50-70 g/mc) di molti cereali.

Supponendo che la polvere depositata si disperda nel primo metro di altezza si avrebbe una concentrazione pari a 1.400 g/mc.

Il controllo delle fonti di ignizione riguarda motori elettrici, lavori caldi, manutenzione programmata e controllo delle parti meccaniche, eliminazione delle cause di scintillio meccanico, quali pietre, metalli etc.

Il controllo avviene quindi eliminando o riducendo per quanto possibile il combustibile e le fonti d'ignizione. Molto dibattuta è l'ignizione per scintille di natura elettrostatica. Secondo l'Accademia Nazionale delle Scienze USA se ne parla molto ma non vi è dimostrazione del fatto che siano influenti, come riportato in *Prevention of Grain Elevator and Mill Explosions*. *Chapter 2, Conclusions and Recommendation, page 9; Chapter 3,The explosion problem, page 25.*

I dati riportati in appendice estratti dal database GESTIS-STAUB-EX evidenziano che diverse polveri di cereali hanno necessita di scintille da diversi mJ per incendiarsi.

IV.3 DINAMICA DELLE ESPLOSIONI NELLE POLVERI DI CEREALE

La polvere depositata diventa pericolosa una volta sollevata e dispersa nell'aria. Quella in strato può vedersi come qualcosa di addormentato che se viene svegliato perde e fa perdere il buonumore. Generalmente si ha una esplosione primaria che solleva con lo spostamento d'aria la polvere depositata, infatti una caratteristica delle esplosioni nelle strutture contenenti polveri è l'esplosione o le esplosioni secondarie conseguenti alla prima esplosione. La seconda esplosione è generalmente di magnitudo e distruttività molto maggiore della esplosione primaria.

La dinamica illustrata nella figura sottostante è stata ripresa da una ricerca pubblicata nel 2005 dal titolo Polvere combustibile nell'industria: Bollettino di informazione per la sicurezza e la salute, prevenzione e riduzione degli effetti degli incendi e delle esplosioni*(U.S. Department of Labor, Occupational Safety and Health Administration, Directorate of Standards and Guidance, Office of Safety Systems, Combustible Dust in Industry: Preventing and Mitigating the Effects of Fire and Explosions, Safety and Health Information Bulletin.)*

Il documento integrale si trova all'indirizzo: *http://www.osha.gov/dts/shib/shib073105.html*

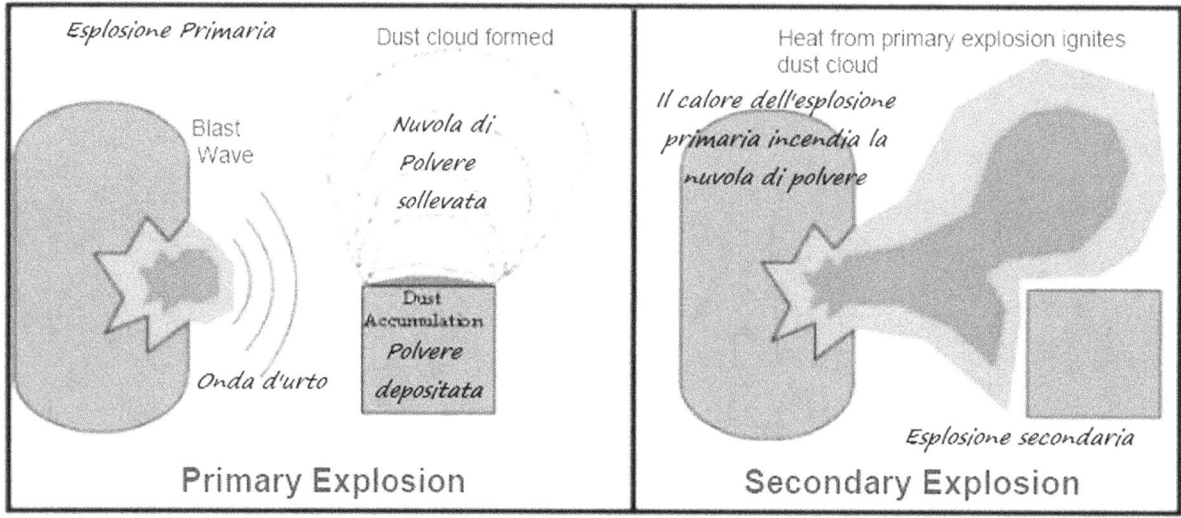

Illustrazione 10: U.S. Department of Labor, Occupational Safety and Health Administration:Combustible Dust in Industry: Preventing and Mitigating the Effects of Fire and Explosions, Safety and Health Information Bulletin.

L'illustrazione evidenzia che in genere l'esplosione primaria solleva la polvere depositata. Questa polvere, una volta dispersa in aria viene incendiata dal calore dell'esplosione primaria e provoca in genere una esplosione secondaria spesso molto più imponente e devastante della primaria. Da quanto esposto si comprende perché le norme si preoccupano ed insistono sulla pulizia della polvere dai locali.

Si riportano due esempi tratti dalla letteratura americana *(Prevention of Grain Elevator and Mill Explosions, Appendix B, Dust Explosion, page 120-121):*

1) Si genera un innesco in un componente d'impianto e la polvere è in quantità sufficiente a mantenere la combustione. Il componente è del tipo a rottura programmata per basse pressioni per cui si rompe come previsto. L'esplosione genera un ragionevolmente largo fronte di polvere infiammata nella zona di rottura. Il conseguente spostamento d'aria solleva le polveri depositate presenti e rende l'intero ambiente combustibile. Ciò porta ad una seconda esplosione di magnitudo maggiore.

2) Un componente caldo (esempio una lampada) in un ambiente resistente alle esplosioni od un motore resistente all'esplosione si copre con uno strato di polvere che si incendia. Un dipendente se ne accorge e lui od un addetto antincendio prova ed estinguerlo con uno spray d'acqua o chimico. Ciò solleva un bel po' di polvere di cui parte ancora incandescente. Ciò causa una esplosione primaria la quale scatena poi una esplosione secondaria.

V ANALISI STORICA DELLE ESPLOSIONI NEI CEREALI

V.1 GENERALITÀ

Il calcolo della probabilità, anche per eventi casuali ma non troppo quali gli incidenti, si propone di valutare come un evento avvenuto nel passato possa ripresentarsi nel futuro. Il fatto di non poter dire esattamente quando l'evento si verificherà è una delle caratteristiche di maggior conforto per le lotterie ad estrazione di numero. Di fatto siamo in grado di predire che una precipitazione da 100 e rotti mm/h si presenterà al pluviometro in genere ogni mille anni, ma non sappiamo dire se avverrà l'anno prossimo o domani mattina. Al massimo sappiamo dire che probabilità avrà di verificarsi l'anno prossimo.

Per poter calcolare la probabilità di accadimento di un evento in genere occorre mettere sotto osservazione l'evento stesso. Se non si fa questo non si avranno elementi per poter capire, pensare e successivamente verificare una qualunque teoria sulla presentazione futura dell'evento.

Inoltre non si avrà la possibilità di valutare oggettivamente né l'efficacia delle normative introdotte per arginare i problemi legati all'evento, né i costi rispetto ai benefici.

La raccolta dei dati richiede normalmente almeno una ventina di cicli dell'evento. Tirando una moneta da 1 euro 20 volte si rileva che circa la metà delle volte esce il lato con il numero 1. Anche in mancanza o in attesa di una teoria sugli esiti del lancio di una moneta, si può affermare che, basandosi sulle informazioni acquisite con i 20 lanci, tirando 1000 volte quella moneta circa la metà dei lanci avrà il numero 1. Ora tirare venti volte una moneta, rilevare l'accaduto, elaborare una teoria, fare altri 1000 lanci per testare la teoria è molto semplice, bastano meno di un paio d'ore, posto che un tiro corrisponde ad un ciclo.

Nel nostro caso invece, al posto della facile moneta, l'oggetto di indagine sono le polveri di cereali, il cui ciclo di produzione ed immissione nell'industria è in genere, nella stessa nazione, annuale. Ad ogni raccolto vengono prodotte nuove polveri che verranno successivamente rimosse, per cui servono un bel po' di anni di osservazione per ottenere delle rilevazioni su cui poter fare analisi.

Un simile sforzo è di competenza di istituzioni nazionali, per via della complessità della raccolta dati.

Gli stati Europei che si sono interessati significativamente delle esplosioni da polvere sono stati la Francia e la Germania. L'ente principale tedesco di riferimento è: DGUV, Deutsche Gesetzliche Unfall Versicherung, *(German Statutory Accident Insurance)*, indirizzo internet www.dguv.de.

Un documento di riferimento reso pubblico da DGUV è *Dokumentation Staubexplosionen (BIA-Report 11/97)*, documentazione sulle esplosioni da polvere.

Nel BIA-Report 11/97, facente parte dei reports 1997-1998, sono analizzate 599 esplosioni avvenute in 25 anni in diversi settori industriali, dal 1970 al 1995 incluso.

I dati sono espressi in forma aggregata e sono consultabili on line, in lingua Tedesca, all'indirizzo:
www.dguv.de/bgia/de/pub/rep/pdf/rep02/biar1197/rep11_97.pdf

Fra le cose migliori ed uniche, in Germania, esiste una banca dati, liberamente consultabile, dell'HVBG. L'HVBG è un organismo istituzionale Tedesco che si occupa di sicurezza del lavoro. La banca dati tedesca, disponibile anche in Inglese, *GESTIS-DUST-EX* Database Combustion and explosion characteristics of dusts è reperibile all'indirizzo internet:
(http://www.hvbg.de/e/bia/gestis/expl/index.html)

In Francia sul sito del Ministry for ecology sustainable development and spatial planning, esiste un database, di nome ARIA, con oltre 32000 registrazioni di incidenti industriali, reso pubblico dal 2005. Gli incidenti sono relativi a tutto il mondo ed a tutti i tipi di incidente. Per consultarlo online basta andare all'indirizzo http://aria.ecologie.gouv.fr. Nel 2007 la Francia è risultata il quinto produttore mondiale di frumento ed il settimo produttore mondiale di Mais. Risulta anche il maggior produttore europeo di Mais e frumento.

Il problema della raccolta dati Europea consiste nel fatto che, frammentazione e non completezza a parte, vi sono ancora molte differenze nelle normative dei vari stati, per cui i valori disponibili non sono omogenei e risultano estremamente difficili da standardizzare.

In breve in Europa non risultano ancora pubblicati in forma non aggregata dati sistematici utilizzabili per la determinazione della probabilità di accadimento delle esplosioni da polvere di cereali.

Solo 10 anni fa reperire dati significativi non aggregati per un'analisi sarebbe stata un'impresa al limite delle possibilità. Fortunatamente oggi si può spaziare nel mondo in poche ore, accedendo a quanto altre persone e nazioni hanno provveduto a fare ed a mettere in rete, nel pubblico dominio, senza nessun problema.

Il problema statistico per la valutazione dei rischi legati alle esplosioni da polvere di cereale è quello secondo cui per poter calcolare una probabilità a posteriori è necessario recuperare una base di dati relativa ad un periodo di tempo ampio.
Inoltre l'universo da cui questa base dati è estratta dev'essere omogeneo. In termini semplici i dati raccolti devono riguardare impianti che utilizzano orientativamente lo stesso livello tecnologico ed essere sottoposti alla medesima normativa di sicurezza. Ciò comporta che un incidente accaduto nel Medio Oriente non è a priori utilizzabile in una statistica Europea o Americana, a meno di riuscire a dimostrare che gli impianti erano sottoposti alle stesse normative o standard di sicurezza.

Le normative europee sono attualmente in corso di armonizzazione, per cui di fatto non è possibile reperire facilmente una base dati Europea con una quantità significativa e coerente di osservazioni.
La nazione che ha pubblicamente da tempo messo sotto osservazione statistica le esplosioni legate al trattamento dei cerali risulta essere gli Stati Uniti d'America. Gli USA sono un paese caratterizzato da una notevole produzione agricola, dalla presenza diffusa di tecnologia, da un impianto tecnico-scientifico-normativo fra i migliori al mondo.

Si riporta di seguito una tabella contenente un estratto dal database ARIA degli incidenti relativi ai cereali.

Eventi tratti dal Database Aria http://aria.ecologie.gouv.fr.

# Evento	Data	Nazione	Citta	Società	Morti	Feriti	Note
12259	22/12/77	USA	NEW ORLEANS	Westwego	31	6	5 dispersi
12260	28/12/77	USA	GALVESTON	Farmer's Export Co.	8	23	
14961	01/09/82	FRANCE	LAMBALLE		1	1	
8781	18/10/82	FRANCE	METZ	Sica Malteurop	12	1	Malterie
12261	01/03/85	ARGENTINE	BAHIA BLANCA				
15269	10/10/86	FRANCE	FOUGERE				Incendio-Mais
2317	04/10/90	FRANCE	VEREUX				Incendio
3524	14/04/92	FRANCE	LA ROCHELLE				
3951	26/10/92	FRANCE	BASSENS				Incendio-Mais
12041	05/01/93	FRANCE	LORIENT				
4417	07/04/93	BELGIQUE	FLORIFFOUX		5	4	
6005	18/10/94	FRANCE	VERNEUIL L'ETANG				Incendio
5986	27/10/94	FRANCE	SAINT GENIS DE SAINTONGE			3	
8599	22/07/95	USA	TACOMA				
9867	14/02/96	CANADA	THUNDER BAY			2	
10185	02/11/96	FRANCE	LIMOGES				Incendio
11657	20/08/97	FRANCE	BLAYE	SEMABLA	11		
12901	13/05/98	FRANCE	BEAUMONT DE LOMAGNE				
13436	08/06/98	USA	HAYSVILLE	DeBruce	6	7	
14557	31/10/98	GERMANIA	BLEXEN				Incendio
16403	19/08/99	FRANCE	SONGEONS				Incendio-Frumento
17816	27/05/00	FRANCE	ROZAY EN BRYE				Incendio - Mais
20979	30/07/01	FRANCE	LUYERES				Incendio - Orzo
21140	16/08/01	FRANCE	BAZANCOURT				Incendio-Frumento
21643	19/12/01	FRANCE	ROCHES PREMARIE ANDILLE				Incendio Mais
23415	04/10/02	FRANCE	MARS LA TOUR				Incendio
24768	27/05/03	FRANCE	NOGENT SUR SEINE				Incendio Orzo -Malterie
25575	17/09/03	FRANCE	PLEURS				Incendio
27405	21/06/04	FRANCE	VAL DE LA HAYE				Incendio
32488	16/11/06	FRANCE	BEAUCAIRE				Incendio - Sorgo
32490	21/11/06	FRANCE	BEAUCAIRE				Incendio - Sorgo
31102	04/12/05	SYRIE	LATTAQUIEH, (Lattakia)		16	22	Esplosione
31164	15/12/05	FRANCE	SOCX				Incendio
33927	29/11/07	FRANCE	BOUCAU			1	
#	Date	Nation	Place	Enterprise	Fat.	Inj.	Notes

Tabella 4: Estratto dal Database ARIA

Una mappa planetaria interattiva con solo incidenti relativi alle polveri di cereale avvenute nel mondo dal 2005 si trova all'indirizzo:

http://maps.google.com/maps/ms?
hl=en&ie=UTF8&msa=0&msid=10178652115832864675.0004498212863207339d0&ll=41.902277,-
95.888672&spn=23.90492,43.549805&t=p&z=5

La mappa online è stata realizzata da: John Astad, Combustible Dust Policy Institute, *www.combustibledust.com*

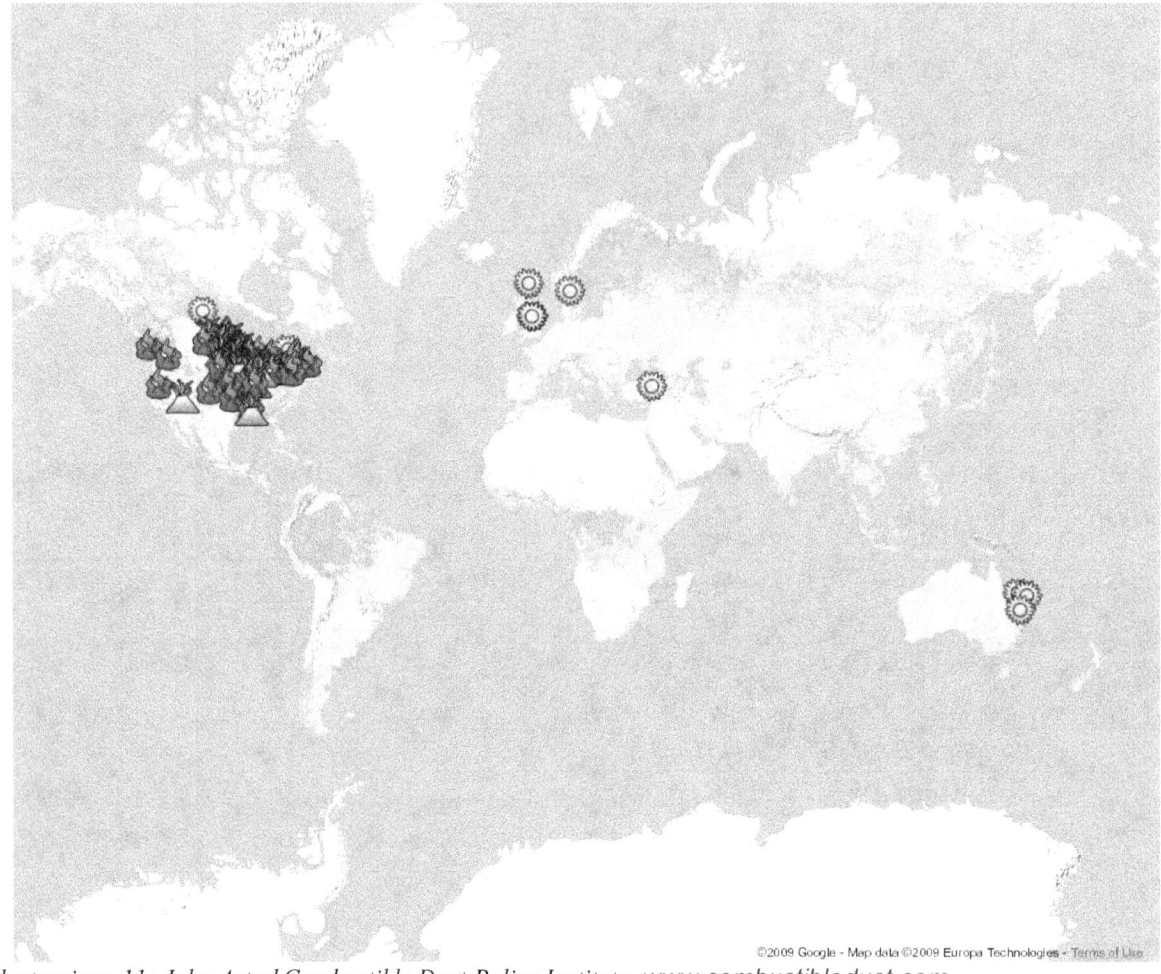

Illustrazione 11: John Astad,Combustible Dust Policy Institute, www.combustibledust.com

Secondo quanto riportato nella mappa sembrerebbe che le esplosioni da polvere di cereale dal 2005 in avanti siano un problema squisitamente americano, tuttavia molto probabilmente è la mancanza di informazione pubblica documentata negli altri paesi a dare l'aspetto di un deserto al di fuori degli USA.

In occasione del presente lavoro è stata comunicata a Mr.Astad l'esistenza del database ARIA, per cui in futuro la mappa riportata verrà aggiornata con i dati riportati nel database Europeo.

V.2 ANALISI DI ALCUNE ESPLOSIONI DOCUMENTATE.

Secondo l'associazione delle industrie del grano USA (The Grain Elevator and processing society, 1977) vi sono state 203 esplosioni tra il 1860 ed il 1956, in media circa 2 esplosioni all'anno su un periodo di 96 anni. Tra il 1958 ed 1975 ve ne furono 137, mediamente 8 esplosioni all'anno in un periodo di 17 anni. Uno studio scientifico del fenomeno delle esplosioni dei cereali non risulta essere stato ancora svolto in Europa. Gli unici studi mirati, completi ed indipendenti risultano essere stati eseguiti negli Stati Uniti d'America negli ultimi 25 anni, con a disposizione una base statistica di oltre 40 anni di rilevazioni.

Peraltro scoprire dai testi Americani che la prima esplosione descritta e documentata nel mondo è avvenuta dal Fornaio Giacomelli il 12 Dicembre 1785 a Torino (descritta dal conte Morozzo, Reale Accademia delle Scienze, Torino) procura non poco disagio.

Novant'anni dopo l'esplosione descritta dal Conte Morozzo, nel 1878, a Minneapolis (Stati Uniti) esplose il mulino Washburn, costruito nel 1874. Qualche dettaglio non guasta, trattandosi del 1878. Il mulino, del tipo ad acqua, aveva 41 macine di pietra, poteva macinare farina per produrre 12 milioni di pagnotte al giorno, 1.200 barili di farina al giorno. Un barile di farina equivale a 3 Bushels o 196 pounds o 88.9 kg. Una pagnotta del 1800 pesava quindi circa 90 grammi. Il mulino quindi produceva 1.067 qli/giorno o 32.000 Tonnellate/anno. Nove anni prima, nel 1865, era terminata la guerra di secessione Americana.

La popolazione Americana nel censimento del 1870 risultava pari a 38.115.641 abitanti.
(http://www2.census.gov/prod2/decennial/documents/1870e-02.pdf).

La popolazione italiana al 31/12/1871, con i confini attuali, risultava pari a 27.300.000 Abitanti.
(http://dawinci.istat.it/daWinci/jsp/dawinci.jsp).

Le due popolazioni 130 anni fa differivano solo di 11 milioni di abitanti.

Nel 2009 la popolazione USA risulta pari a 307 milioni circa, con incremento netto di 1 persona ogni 11 secondi. In Italia la popolazione 2008 era pari a circa 58 milioni.
(fonte:http://www.census.gov/population/www/popclockus.html)

The explosion of Washburn "A" Mill, Mineapolis

Stereograph, published 1878: The great mill disaster !

Il mulino, costruito a Minneapolis nel 1874, fu distrutto da una esplosione il 2 Maggio 1878, causando 18 Morti. L'esplosione avvenne dopo 4 anni di funzionamento.

Nel Novembre 1887 in Germania ad Hameln (la città del pifferaio magico dei fratelli Grimm) esplose il mulino Weser, causando circa 30 morti.

Il 20 Agosto 1997 alle 10.15 avvenne una esplosione a Blaye, Gironda, Francia. I silos erano di proprietà della Société d'Exploitation Maritime Blayaise (SEMABLA). Il complesso principale era formato da 44 cilindri in cemento armato con base 6.2 metri ed alti 36.5 metri. La capacità di questi silos era di 37.200 tonnellate di frumento. La capacità complessiva dello stoccaggio era pari a 130.000 tonnellate o 1.300.000 quintali. Il sistema era dotato di aspirazione centralizzata delle polveri, di un sistema di controllo delle temperature nei silos e non possedeva rilevatori di incendio o dissipatori di esplosione. 28 silos furono distrutti dall'esplosione. Pezzi da 10 kg furono trovati a 140 m dal luogo dell'esplosione.

Il numero d'incidente ARIA risulta l'11657.

Una descrizione si trova all'interno del sito *European Union Network for the Implementation and Enforcement of Environmental Law (IMPEL)*: (http://ec.europa.eu/environment/impel/pdf/accidents_en.pdf).

Illustrazione 13: Blaye

Lo stabilimento era in funzione almeno dal 1984, l'incidente è avvenuto nel tredicesimo anno di attività.

Al momento dell'incidente un camion scaricava mais nella fossa di ricezione, il camion precedente aveva scaricato frumento in un'altra fossa ed era appena andato via, lo stoccaggio stava movimentando orzo.

Dalle cause dell'esplosione sono state escluse le scintille elettrostatiche. La causa più probabile risultò uno scintillio originato da frizione meccanica del ventilatore del sistema di aspirazione delle polveri. Il bilancio in vite umane risultò di 11 morti ed 1 ferito.

L'8 Giugno 1998, a Wichita, Kansas, salta in aria lo stoccaggio De Bruce. Lo stoccaggio era citato come il più grande del mondo nel Guinness Book dei record. Lo stoccaggio era composto da 246 silos circolari di 10 m di diametro e 40 m di altezza. Aveva uno capacità di circa 20,7 milioni di Bushels. 1 US Bushel vale 35,2391 litri. Lo stoccaggio aveva quindi una capacità dell'ordine di 730.000 mc. Un Bushels vale anche 27,2155 kg di grano ovvero lo stoccaggio poteva contenere circa 5.600.000 quintali di grano o 560.000 tonnellate.

Se lo stoccaggio avesse accumulato solo grano avrebbe potuto assicurare il pane necessario per circa sei mesi a tutti gli Stati Uniti. Il disastro viene spesso riportato come avvenuto ad Haysville, città vicina. Il numero d'incidente ARIA risulta il 13436.

The explosion of De Bruce Grain Elevator
Wichita, Kansas. 1998

Immagini tratte da http://www.osha.gov/as/opa/foia/hot_6.html

Illustrazione 14

Illustrazione 15

Illustrazione 16 Wichita

Vista aerea alcuni minuti dopo l'esplosione

Lo stoccaggio (origine della costruzione 1954), 730.000 mc, acquistato dalla De Bruce nel 1996 esplose l'8 giugno 1998, circa 2 anni dopo l'acquisto. Vi furono 7 morti e 10 feriti.

VI STUDI SULLE ESPLOSIONI NEGLI USA

Nel 1913 vi fu una esplosione in un mangimificio a Buffalo, New York. Tra Marzo 1916 ed Ottobre 1917 vi furono una serie di esplosioni che distrussero 4 dei più grossi impianti degli Stati Uniti e Canada, con 24 morti. In uno di questi impianti, quello di Brooklyn, New York, andò distrutta una quantità di grano sufficiente al pane di un anno per 200.000 soldati. Furono quindi messi sotto controllo gli impianti contenenti grano del governo, fu svolta attività di formazione ed informazione, con foto, manifesti, volantini, etc.

Nel mese di Giugno 1920 fu pubblicato a New York il volume *Grain Dust Explosion Prevention*, 28 pagine, da United States Grain Corporation in collaborazione con USDA, United States Department of Agriculture. Il testo originale è direttamente consultabile online all'indirizzo:

http://ia300242.us.archive.org/1/items/graindustexplosi00unitrich/graindustexplosi00unitrich.pdf

In tale testo veniva, sin da allora, rimarcata l'importanza della pulizia (Housekeeping).

Nel 1922 fu pubblicato dalla NFPA il volume *Dust Explosion, cause and methods of prevention*, 280 pagine, a cura di David J. Price e Harold H.Brown, consultabile e scaricabile online all'indirizzo:

http://ia331402.us.archive.org/3/items/dustexplosionsth00pricuoft/dustexplosionsth00pricuoft.pdf

Il volume, veramente molto interessante e ben documentato, riporta fra le altre cose un notevole numero di fotografie delle esplosioni dell'epoca. E' presente inoltre una sezione dedicata alle esplosioni in Europa.

Secondo gli studi fatti all'epoca la soglia di esplosività della polvere risultò dell'ordine di 23-25 grammi/mc e per accendersi le polveri dovevano entrare in contatto con un corpo alla temperatura di 500-600 gradi. Le esplosioni di amido furono rilevate come le più potenti e disastrose. E' interessante notare che nel 1920 la perdita di cibo fu considerata un danno aggiunto al danno economico. Le conclusioni del 1920 furono sostanzialmente riconfermate sessant'anni dopo. Il problema, nonostante l'impegno profuso, tuttavia non perse importanza. Il fenomeno, in considerazione della quantità e della importanza delle esplosioni, fu monitorato dal punto di vista statistico fin dal 1958. Risultano oggi disponibili online, anno per anno, gli incidenti, i morti ed i feriti legati alla lavorazione dei cereali.

L'esplosione dei cereali diventò un problema nazionale nel 1977. Tra il 21 ed il 28 dicembre 1977, in soli otto giorni, si verificarono cinque esplosioni, con 59 morti e 49 feriti.
Tra questi:

- **Aria N°12259 22/12/1977 NEW ORLEANS, 31 Morti, 5 dispersi, 6 feriti**
- **Aria N°12260 28/12/1977 GALVESTON; 8 Morti, 23 feriti**

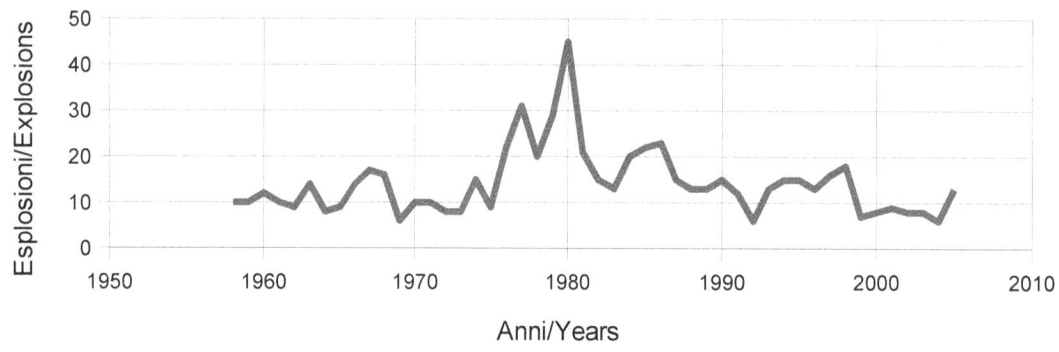

Illustrazione 17

Il governo decise nel 1978 di affidare alla National Science Academy (NAS) l'incarico di trovare le cause e le soluzioni per le esplosioni nelle industrie del grano.

L'Accademia produsse 4 documenti fra il 1980 ed il 1983:

1. *The Investigation of Grain Elevator Explosions; NMAB-367-1, 20 Pagine, 1980*
   http://www.iprr.org/papers/nasrpt.html

2. *Prevention of Grain Elevator and Mill Explosions; NMAB-367-2, 146 Pagine, 1982,*
   http://www.nap.edu/catalog.php?record_id=10953

3. *Pneumatic Dust Control in Elevators; NMAB-367-3, 118 Pagine, 1982*

4. *Guidelines for the Investigation of Grain Dust Explosions; NMAB-367-4, 46 Pagine, 1983,*
   http://www.nap.edu/catalog.php?record_id=10954

Prevention of Grain Elevator and Mill Explosions, del 1982, è uno studio basilare specifico, ragionato e comprensibile sulle cause e sulla dinamica delle esplosioni relative ai cereali, nelle varie fasi di lavorazione.

Allo studio fecero seguito l'emanazione di raccomandazioni specifiche tese alla riduzione del fenomeno (OSHA Recommendations, effettive dal 30/03/1988), ed il monitoraggio sull'efficacia delle direttive impartite. OSHA è un'organizzazione del dipartimento del lavoro del governo degli USA (U.S. Department of Labour) e sta per *Occupational Safety & Health Administration*, controllo della sicurezza e della salute dei lavoratori. Più o meno lo stesso significato ha in Italia l' ISPESL.
All'introduzione delle raccomandazioni rispetto al crescendo degli incidenti degli anni 70 corrispose una diminuzione del fenomeno delle esplosioni.
Nel 1998, 10 anni dopo l'introduzione degli standards, esplose il mulino DeBruce. In base alle proprie inchieste, OSHA dimostrò come le misure di sicurezza erano state volutamente disattese dalla proprietà, *(Fonte www.osha.gov/as/opa/foia/hot_6.html.)*

Nel 2003 OSHA, secondo quanto previsto dalle leggi americane, produsse un report istituzionale in cui valutò positivamente, fino al 1998, l'efficacia degli standards introdotti. *(Regulatory Review of OSHA'S Grain Handling Facilities Standard)*, *http://www.osha.gov/dea/lookback/grainhandlingfinalreport.html).*

Un altro importante risultato di questo sforzo americano sono le numerose statistiche rese disponibili online.
I dati statistici raccolti e pubblicati dal 1977 sono stati perfezionati nel tempo ed hanno via via reso disponibili maggiori e mirate informazioni. I reports sono stati prodotti dall'Università dello Stato del Kansas (KSU Kansas State University), a cura di Robert W. Schoeff, oggi professore emerito, il quale riuscì quasi da subito a raccogliere ed organizzare resoconti statistici centrati sul problema.

Dal 1977 le statistiche raccolte hanno iniziato a catalogare le esplosioni per tipo di attività svolta: Stoccaggi (Grain Elevator), Mulini di farina (Flour Mill), Mulini di mangimi (Feed Mill)

Dal 1982 sono riportate le esplosioni per tipo di prodotto trattato al momento dell'esplosione.
Nel report del 1987 fu pubblicata la graduatoria dal 1958 al 1986 delle esplosioni per stato (Nebraska, Illinois, Iowa etc.)

Ad oggi è quindi possibile reperire online il numero delle esplosioni, suddivise per tipo di materiale e di causa, delle vittime, dei feriti, dei danni, anno per anno dal 1976 ad oggi ed in forma aggregata sin dal 1958.
L'illustrazione 18 riporta l'andamento del fenomeno. Il grafico, pur molto espressivo, tuttavia è solo scenico. Evidenzia in ogni caso il picco di eventi degli anni 70 e l'andamento in diminuzione (trend) dei feriti, la diminuzione meno

marcata del numero dei decessi e una sorta di apparente stabilità nel numero di esplosioni. La produzione di tali report risulta purtroppo essere stata interrotta dal 2006 per cui da tale data non si hanno ulteriori informazioni.

La nostra speranza è che anche questo studio possa riaccendere l'interesse su tale preziosa raccolta di dati, completandoli almeno fino al 2008 e aumentando la quantità pubblicata di informazione sulle esplosioni già avvenute.

Esplosioni, Morti e Feriti legate alla polveri di cereali negli USA - Anni 1958-2005

Grain dust explosions, fatalities and injuries in USA, - 1958-2005

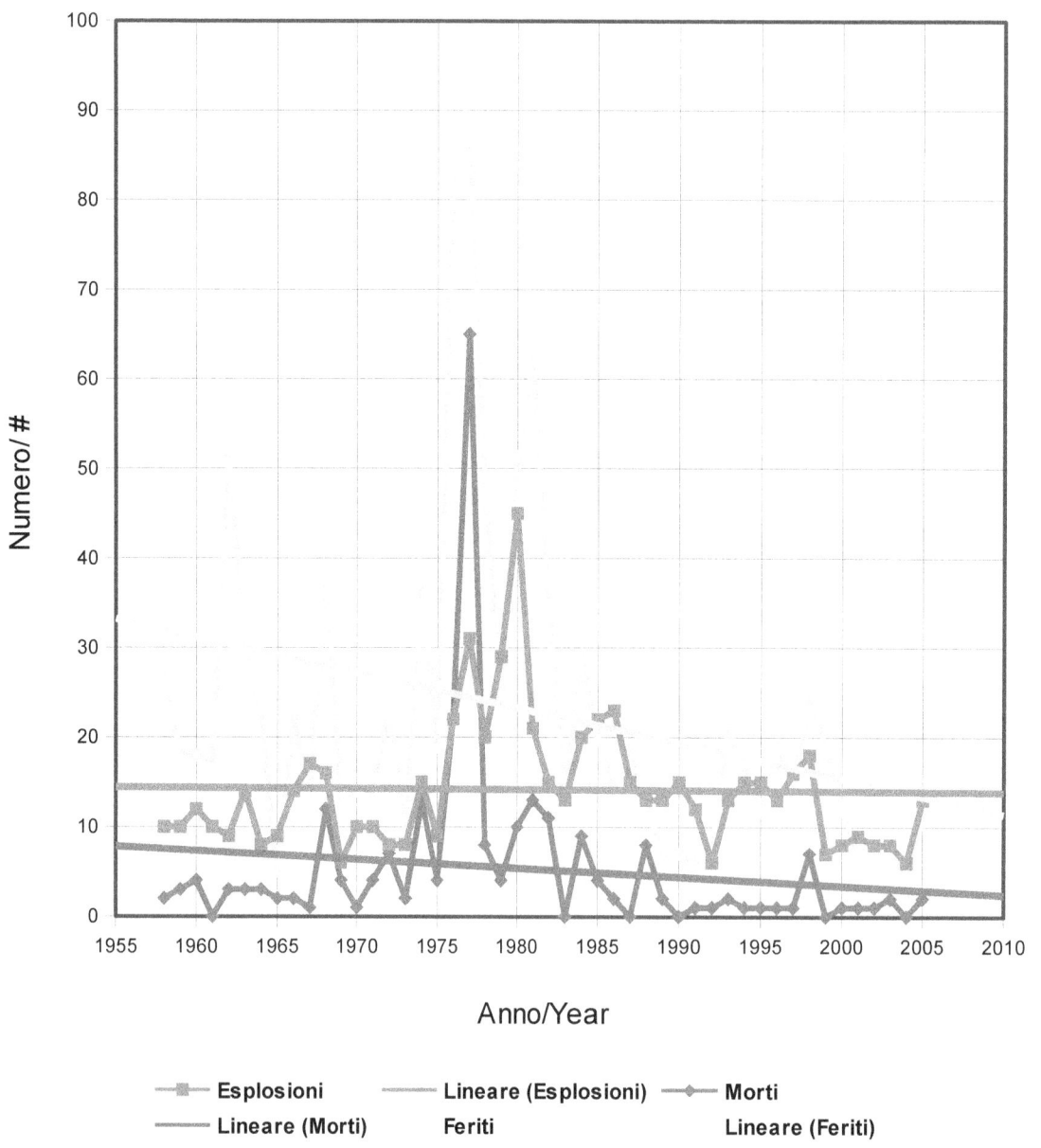

Illustrazione 18: Fonte OSHA, KSU

I dati che seguono sono stati pubblicati da OSHA nel Febbraio 2003, e fanno parte del sistema di controllo americano, le cui norme, sin dalla nascita, in base al Section 5 of Executive Order 12866, devono contenere esplicitamente le indicazioni per essere periodicamente rivisitate col fine di stabilire se siano state efficaci, se siano ancora necessarie, da migliorare etc.

OSHA, 1958-1998: Esplosioni da polvere di cereale, morti e feriti							
Anno	Numero di Esplosioni	Numero di Morti	Numero di feriti	Anno	Numero di Esplosioni	Numero di Morti	Numero di feriti
1958	10	2	27	1979	29	4	25
1959	10	3	18	1980	45	10	50
1960	12	4	18	1981	21	13	62
1961	10	0	17	1982	15	11	34
1962	9	3	51	1983	13	0	14
1963	14	3	30	1984	20	9	29
1964	8	3	22	1985	22	4	20
1965	9	2	5	1986	23	2	14
1966	14	2	22	1987	15	0	18
1967	17	1	14	1988	13	8	13
1968	16	12	38	1989	13	2	7
1969	6	4	13	1990	15	0	7
1970	10	1	14	1991	12	1	6
1971	10	4	14	1992	6	1	8
1972	8	7	23	1993	13	2	21
1973	8	2	10	1994	15	1	16
1974	15	13	37	1995	15	1	12
1975	9	4	19	1996	13	1	19
1976	22	22	82	1997	14	1	14
1977	31	65	87	1998	16	7	22
1978	20	8	46				
	268	165	607		348	78	411
Year Anni	Number of Explosions Esplosioni	Number of Fatalities Morti	Number of Injuries Feriti	Year Anni	Number of Explosions Esplosioni	Number of Fatalities Morti	Number of Injuries Feriti
				Totale	616	243	1018
Table 1: OSHA, 1958-1998: Number of Grain Dust-Related Explosions, Deaths, and Injuries							

Tabella 5: REGULATORY REVIEW OF OSHA'S, Grain Handling Facilities Standard, [29 CFR 1910.272], Table 1 -Number of Grain Dust-Related Explosions, Deaths, and Injuries, 1958-1998, published 2003

Sources:

1. 1. For 1958-1985, Table V-1 in the Final Regulatory Impact Analysis for the Standard on Grain Handling Facilities, OSHA, December10, 1987.

2. For 1986 through 1998, the U.S. Department of Agriculture (USDA), Federal Grain Inspection Service (FGIS).

La tabella 6 riporta le produzioni del 1977 al 1998 come presenti nella pubblicazione OSHA.

PRODUZIONE TOTALE DI CEREALI			
Year*	Production, Million metric tons**	Year*	Production, Million metric tons**
1998	349,4	**1987**	280,2
1997	336,3	**1986**	315,1
1996	335,5	**1985**	346,9
1995	277,3	**1984**	314,6
1994	355,6	**1983**	207,5
1993	258,8	**1982**	332,9
1992	352,7	**1981**	390,8
1991	279,7	**1980**	269,7
1990	312,1	**1979**	302,6
1989	284,0	**1978**	276,2
1988	206,3	**1977**	266,9
Media	304,34		300,31
Table 3- Total Grain Production[1]			

Tabella 6: OSHA, Table 3

* Data was not available for 1999

* * The average, annual grain production for the years 1977-1987 was 299.4 million metric tons.
The average, annual grain production for the years 1988-1998 was 304.3 million metric tons.

[1] *United States Department of Agriculture, Agricultural Statistics, Chapter 1, "Statistics of Grain and Feed," Table 1-1. - Total Grain: supply and disappearance, United States, 1989-1998, 1985-1994. and 1975-1989.*

CHAPTER I

STATISTICS OF GRAIN AND FEED

This chapter contains tables for wheat, rye, rice, corn, oats, barley, sorghum grain, and feedstuffs. Estimates are given of area, production, disposition, supply and disappearance, prices, value of production, stocks, foreign production and trade, price-support operations, animal units fed, and feed consumed by livestock and poultry.

Table 1-1.—Total grain: Supply and disappearance, United States, 1989-98 [1]

Year[2]	Supply				Disappearance			Ending stocks
	Beginning stocks	Production	Imports	Total	Domestic use	Exports	Total disappearance	
	Million metric tons	Million metric tons	Million metric tons	Million metric tons	Million metric tons	Million metric tons	Million metric tons	Million metric tons
1989	86.5	284.0	2.3	372.7	204.4	106.8	311.3	61.4
1990	61.4	312.1	2.8	376.3	220.0	83.9	303.8	72.5
1991	72.5	279.7	3.8	356.0	220.3	87.6	307.9	48.2
1992	48.2	352.7	3.6	404.5	233.7	91.5	325.2	79.3
1993	79.3	258.8	7.3	345.4	224.2	77.2	301.4	44.0
1994	44.0	355.6	6.3	405.9	246.1	99.2	345.3	60.5
1995	60.5	277.3	5.0	342.9	216.6	100.5	317.1	25.8
1996	25.8	335.5	5.9	367.2	244.5	82.3	326.9	40.3
1997	40.3	336.3	5.9	382.5	245.9	77.5	323.4	59.1
1998[3]	59.1	349.4	6.3	414.8	248.5	88.2	336.7	78.1

[1] Aggregate data on corn, sorghum, barley, oats, wheat, rye, and rice. [2] The marketing year for corn and sorghum begins September 1; for oats, barley, wheat, and rye, June 1; and for rice, August 1. [3] Preliminary. Totals may not add due to independent rounding.

ERS, Market and Trade Economics Division. (202) 694-5296.

Illustrazione 19

L'illustrazione 19 riporta la tabella originale pubblicata da USDA nel 2000. La tabella è importante in quanto evidenzia che i dati riferiti da OSHA con il termine Grain sono relativi ai soli cereali:
Corn, Sorghum, Barley, Oats, Wheat, Rye e Rice, ovvero Mais, Sorgo, Orzo, Avena, Frumento, Segale e Riso.
Ad esempio il dato della produzione del 1990, risulta 312.1 sia nei dati forniti da USDA che in quelli riportati da OSHA.

La tabella 7 è stata ricavata in base ai dati pubblicati dall'OSHA. La tabella considera tutti gli eventi registrati. L'OSHA nella sua relazione ha prodotto delle tabelle comparative relative ai soli settori regolamentati.

Confronto delle medie nei diversi periodi			
Elemento	*Media Esplosioni per anno*	*Media Morti per anno*	*Media feriti per anno*
Media anni Pre Analisi Cause (1958-1983), 26 anni	15,04	7,81	30,46
Media annua anni Pre Norme (1958-1987), 30 anni	15,70	7,27	29,10
Media annua Anni Post Norme (1988-1998), 11 anni	13,18	2,27	13,18
Variazione % della media fra Pre e Post Norme	-16,04%	-68,72%	-54,70%
Media Periodo 89-98, 10 anni	13,20	1,70	13,20
	Average of Explosions/year	*Average of Fatalities/year*	*Average of Injuries/year*
Comparison of the averages in different periods			

Tabella 7

Nella propria pubblicazione l'OSHA fa notare che, in generale, nei settori sottoposti alla regolamentazione, le esplosioni sono state ridotte del 42%, i morti del 70%, i feriti del 60%.

I settori sottoposti alla regolamentazione dall'OSHA sono:
Stoccaggi di cereali, Mulini per mangime, Mulini di farina, Mulini di riso, Impianti di pellettizzazione polveri, Mulini a secco di mais, Fiocchettatura di semi di soia, Operazioni di molitura a secco di dolci di soia. La soia non rientra fra i cereali, per cui verrà esclusa dalle statistiche

Attività di lavorazione cereali sottoposte agli standard OSHA	
Stoccaggi di cereali	Grain Elevators
Mulini per mangime	Feed Mills
Mulini di farina	Flour Mills
Mulini di riso	Rice Mills
Mulini a secco di mais	Dry Corn Mills
Grain Handling facilities subject to OSHA standards	

Tabella 8

Vengono riportate le tabelle elaborate e pubblicate da OSHA nella relazione del 2003. Le tabelle evidenziano la diminuzione del fenomeno in seguito alla pubblicazione delle norme, effettuata alla fine del 1987 (31/12) ed alla loro entrata in vigore (31/03/1988):

Tutte le lavorazioni di cereali regolamentate, (media del periodo indicato)					
STATISTICA	**A**	B	C	**D**	Variazione fra D ed A
Esplosioni/Explosions	25	18	11	14	-44%
Feriti/Injuries	50	19	7	11	-78%
Morti/Fatalities	20	3	2	1	-95%
STATISTIC	*1977/78-1982*	*1983-1987*	*1988-1992*	*1993-1997*	*93-97 vs 78-82 Variation*

Tabella 9:OSHA, figure 1, All Grain Handling Facilities Covered by the Standard, (average for the indicated time period)

Solo Stoccaggi, (media del periodo indicato)					
STATISTICA	**A**	B	C	**D**	Variazione fra D ed A
Esplosioni/Explosions	21	12	8	6	-71%
Feriti/Injuries	47	10	7	4	-91%
Morti/Fatalities	19	2	2	1	-95%
STATISTIC	*1977/78-1982*	*1983-1987*	*1988-1992*	*1993-1997*	*93-97 vs 78-82 Variation*

Tabella 10: OSHA, Figure 2, Grain Elevators Only, (average for the indicated time period)

Tutte le lavorazioni di cereali regolamentate, (media del periodo indicato)			
STATISTICA	1977/78-1987	1988-1997	Variazione
Esplosioni/Explosions	21	12	-42,86%
Feriti/Injuries	34	9	-73,53%
Morti/Fatalities	11	1	-90,91%
	Senza standards	Con standards OSHA	Variazione dopo la regolamentazione
STATISTIC	*No standards*	*Under standards OSHA*	*After standards variation*

Tabella 11: OSHA All Grain Handling Facilities Covered by the Standard, (average for the indicated time period)

La tabella 11 è la media delle medie riportate in tabella 7.

In base a tali risultati nel 2003 l'OSHA ha ritenuto valide, efficaci ed economiche le norme fino ad allora applicate ed ha continuato pertanto a richiederne l'applicazione, in accordo con il *Regulatory Flexibility Act* (RFA, 1980) e la sezione 5 del EO 12866 del presidente Clinton, Ottobre 1993. Il RFA è forse il più completo sforzo da parte del governo federale degli Stati Uniti per bilanciare le spinte delle lobbies e degli obbiettivi sociali dei regolamenti federali rispetto alle esigenze ed alle capacità delle piccole imprese e di altri soggetti di piccole dimensioni nella società americana.
I motivi alla base del RFA furono anche alcuni errori nelle prescrizioni che costrinsero le imprese all'acquisto di costosi dispositivi dimostratisi poi inutilmente sovrabbondanti.
Per mantenere la sicurezza al di fuori del business sarebbe una primaria necessità avere anche in Europa uno strumento siffatto.
In pratica, la RFA risulta un interessante e molto imitato tentativo di "adattare" le azioni del governo federale alla dimensione dei gruppi e delle organizzazioni coinvolte dalle leggi.
Lo stesso tipo di attenzione riguardo all'impatto, al costo ed al rapporto costo-beneficio delle leggi verso le piccole imprese è ovviamente sempre stato uno degli elementi fondamentali a base del sistema normativo Europeo ed in particolare Italiano.

Le statistiche delle esplosioni pubblicate da OSHA comprendono gli impianti di fiocchettatura di Soia, gli impianti di pellettizzazione polveri, le operazioni di molitura a secco di dolci di soia.
I dati così aggregati non risultano utilizzabili per i soli cereali, per cui sarà necessario accedere a dati non aggregati. I dati sono stati riportati in quanto rappresentativi di quanto accaduto e rilevato dal 1958.

Quanto pubblicato dall'OSHA nel 2003 si ferma, stranamente, al 1998, anno dell'esplosione dell'impianto DeBruce Grain Elevator. Per valutare cosa sia successo dopo è stato necessario ricorrere ai dati statistici pubblicati dall'università del Kansas fino al 2005.

L'università dello stato del Kansas ha provveduto a raccogliere sia i dati delle esplosioni che i relativi morti ed i feriti. Le tabelle annuali sono state revisionate per cui viene di seguito riportata una tabella riassuntiva con dati validi fino al 2005.

Esplosioni da polvere di cereali, morti e feriti. OSHA 1970-1998 – KSU 1999-2005							
Anno	Numero di Esplosioni	Numero di Morti	Numero di feriti	Anno	Numero di Esplosioni	Numero di Morti	Numero di feriti
1970	10	1	14	1989	13	2	7
1971	10	4	14	1990	15	0	7
1972	8	7	23	1991	12	1	6
1973	8	2	10	1992	6	1	8
1974	15	13	37	1993	13	2	20
1975	9	4	19	1994	15	1	14
1976	22	22	82	1995	15	1	12
1977	20	65	84	1996	13	1	19
1978	19	8	36	1997	16	1	14
1979	19	2	18	1998	18	7	24
1980	44	10	47	1999	7	0	19
1981	21	13	62	2000	8	1	12
1982	14	6	34	2001	9	1	7
1983	13	0	14	2002	8	1	8
1984	21	9	30	2003	8	2	8
1985	22	4	20	2004	6	0	4
1986	21	2	14	2005	13	2	11
1987	15	0	18				
1988	12	8	10				
Parziale	323	180	586	Parziale	195	24	200
Total (1972-1988)	303	175	558	Total (1970-2005)	518	204	786
Year	# of Explosions	# of Fatalities	# of Injuries	Year	# of Explosions	# of Fatalities	# of Injuries
					Valore Medio	Valore Medio	Valore Medio
Periodo Pre-Raccomandazione (1970-1988), 19 Anni					17,00	9,47	30,84
Periodo sotto Raccomandazione (1989-1998), 10 Anni					13,60	1,70	13,10
Periodo sotto Raccomandazione (1999-2005), 7 Anni					8,43	1,00	9,86
					Mean	Mean	Mean
Number of Grain Dust-Related Explosions, Deaths, and Injuries. OSHA, 1970-1998 – KSU 1999-2005							

Tabella 12

Una osservazione importante è quella secondo cui negli anni vi è stata variazione delle quantità del prodotto lavorato. Si è ritenuto quindi vero il fatto che per valutare la reale incidenza delle esplosioni sia necessario rapportarle alle quantità di prodotto lavorato. Se accade un incidente ad A che lavora 100 tonnellate/anno, posso dire che vi sia differenza con B, caratterizzato da 10 incidenti accaduti maneggiando 1.000 tonnellate/anno? Se divido gli eventi per il peso del prodotto trattato ottengo lo stesso numero. Se mi baso sul solo numero di eventi dico che B è dieci volte più pericoloso di A.

Nelle nostre analisi normalizzeremo, quindi, gli eventi con la quantità di prodotto trattato, ottenendo come effetto conseguente una maggiore flessibilità e portabilità nell'uso dei risultati.

Riportiamo quindi di seguito la tabella delle produzioni di cereali negli Stati Uniti per diversi anni.

Produzione di cereali negli USA 1958-2005 (dati estratti dal Database online USDA NASS)					
USA Total Grain Production 1958-2005 (data from USDA NASS on line database)					
Anni	Produzione in milioni di tonnellate	*Anni*	Produzione in milioni di tonnellate	*Anni*	Produzione in milioni di tonnellate
2005	366,1	1988	206,2	1971	237,4
2004	388,7	1987	280,2	1970	186,7
2003	347,9	1986	315,0	1969	205,1
2002	297,0	1985	346,8	1968	202,3
2001	324,5	1984	314,5	1967	209,1
2000	342,4	1983	207,4	1966	183,9
1999	334,8	1982	332,9	1965	183,4
1998	349,1	1981	330,7	1964	160,9
1997	336,2	1980	269,7	1963	174,5
1996	335,4	1979	302,5	1962	161,5
1995	277,3	1978	276,5	1961	164,2
1994	355,4	1977	265,9	1960	180,4
1993	258,7	1976	258,1	1959	169,3
1992	352,7	1975	249,1	1958	172,0
1991	278,9	1974	204,5		
1990	312,1	1973	237,5		
1989	283,9	1972	227,9		
Year	Production Million metric tons	Year	Production Million metric tons	Year	Production Million metric tons
Totali	5.541,1		4.625,4		2.590,7
Produzione Totale USA 1958-2005, milioni di tonnellate					12.757
USA Total Grain Production 1958-2005, Million metric tons					

Tabella 13:Produzione ricavata da base dati USDA.NASS

Il dato del 1981- 330,7 - è significativamente discordante rispetto a quello riportato da OSHA, nello studio del 2003, table 3, pari a 390,8.

Unendo i dati delle tabelle 12 e 13 si ottengono le esplosioni per milione di tonnellate. L'andamento viene riportato nell'illustrazione 20. Si nota che il rapporto esplosioni-quantità decresce nonostante l'aumento del prodotto trattato, fatto senz'altro positivo.

Non si è tenuto conto del grano importato in quanto tali dati non sono risultati disponibili per un congruo periodo di tempo. Ciò comporta che il rapporto riportato nel grafico è certamente a favore di sicurezza, o, maggiore di quello reale: il numero di esplosioni per milione di tonnellate riportato è maggiore di quello reale. Relativamente alle esplosioni negli stoccaggi va considerato che la merce importata ha normalmente già subito nel paese di origine dei pretrattamenti, quali la rimozione di pietre, oggetti ferrosi ed altri elementi in genere causa di esplosione primaria.

Esplosioni da polvere di Cereale per 100 Milioni tonnellate (Mt) e produzioni

Grain Dust Explosion Rate per 100 Million Tons (Mt) and production

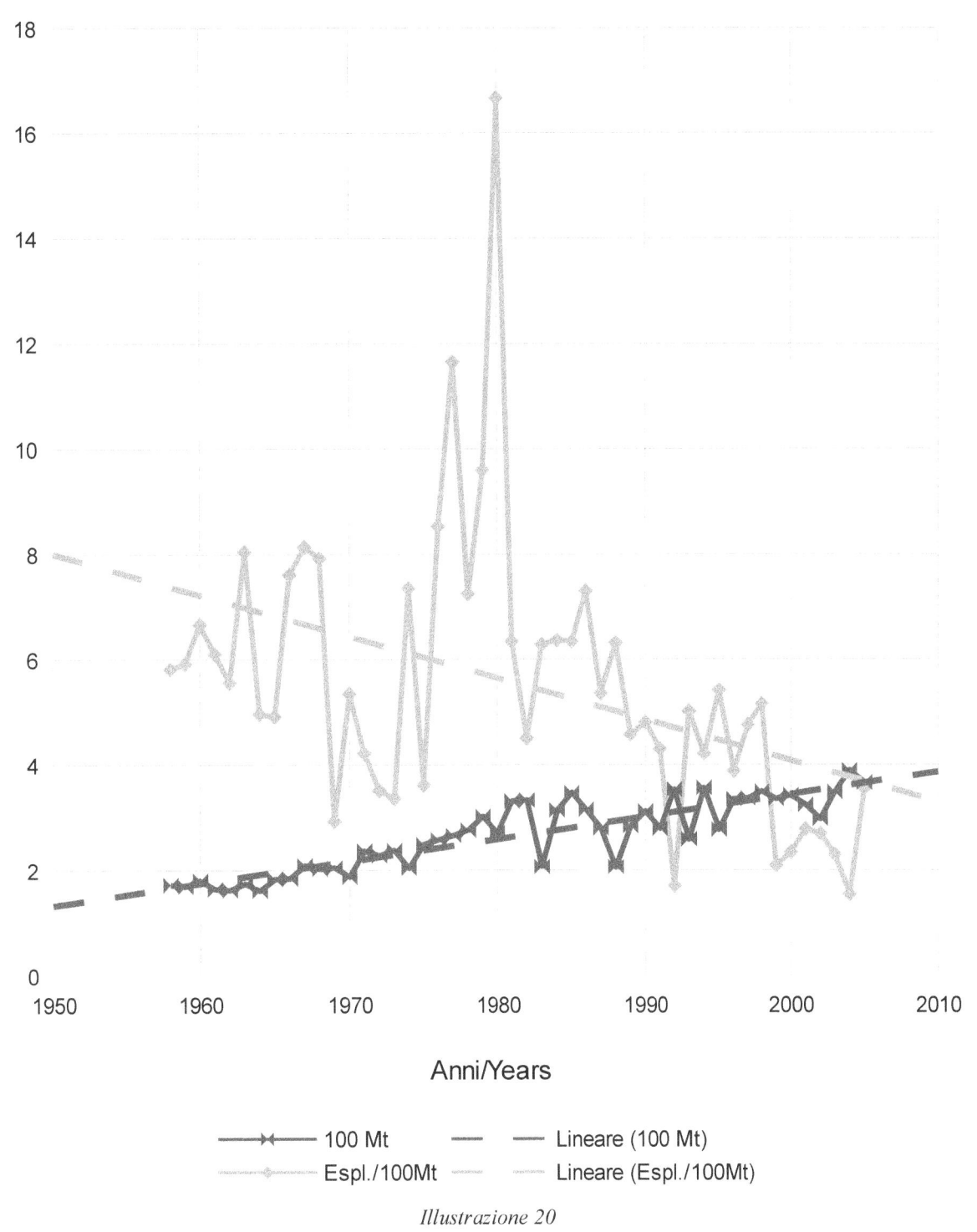

Anni/Years

	100 Mt	Lineare (100 Mt)
	Espl./100Mt	Lineare (Espl./100Mt)

Illustrazione 20

VII IL PROBLEMA DELLE CONVERSIONI

Come noto i paesi anglosassoni hanno unità di misura diverse dal sistema internazionale. Ciò comporta qualche difficoltà a chi proviene dalle università con sistema metrico decimale.

Riportiamo una tabella con i principali fattori di conversione agricoli. Interessante notare che 4.000 mq risulta una diffusa misura in agricoltura: Acre Anglosassone, Moi Sardo (Area), Starello italiano, etc

L'origine comune pare derivi dal fatto che 4.000 mq era la superficie arabile in pianura in un giorno da una coppia di buoi.

Fattori di conversione		
1 Metric ton =	2.204,6220	pounds
1 Kilogram =	2,2046	pounds
1 Acre =	0,4047	hectares
1 Hectare =	2,4700	acres
1 Gallon =	3,7853	litres
1 Bushel =	35,2391	litres
1 Pound =	0,4535927	kg
Conversion Factors		

Tabella 14: USDA, Agricultural Statistics 1994

La tabella di conversione utilizzata è quella adottata ufficialmente da USDA, United States Department of Agriculture, da cui sono stati ripresi i dati utilizzati. I valori di conversione sono stati ripresi dalla pubblicazione Agricultural Statistics del 1994.

La situazione nel 1800 era certamente più complessa, come evidenziato nell'illustrazione 21, del 1845, dove è evidenziato che il bushel di prodotto non possedeva lo stesso valore di peso in libbre in tutti gli stati dell'unione.

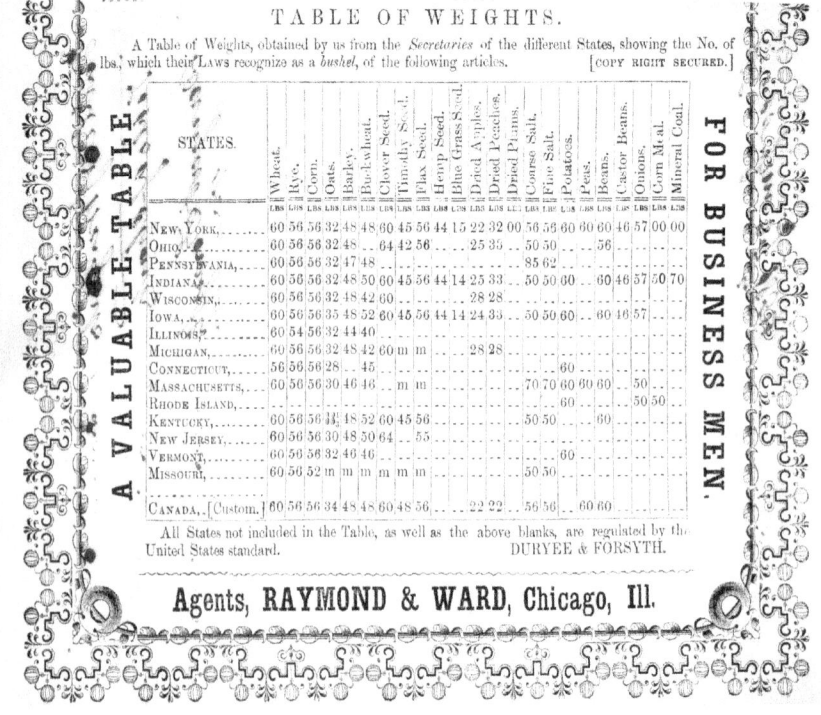

Illustrazione 21

Attualmente esiste un peso standard per ogni prodotto al fine di convertire i bushel (unità di volume) in peso.

Conversione da Bushel in kg			
Elemento		1 Bushel	
Grain	Cereale	POUND	KG
BARLEY	Orzo	48	21,8
CORN SHELLED	Mais	70	25,4
OATS	Avena	32	14,5
RICE	Riso	45	20,4
RYE	Segale	56	25,4
SORGHUM GRAIN	Sorgo	56	25,4
WHEAT	Frumento	60	27,2
Bushel to Kg conversion			

Tabella 15

Per capire come sono state composte le tabelle e verificare le conversioni si riprende dalla tabella 6 la produzione totale di cereali del 1990 pari a ***312.1 milioni di tonnellate metriche***. I cereali oggetto della statistica sono Mais, Avena, Riso, Segale, Sorgo, Frumento, Orzo.

In base ai dati recuperati dal database statistico online USDA-NASS, *U.S. & All States Data – Crops, Planted, Harvested, Yield, Production, Price (MYA), Value of Production., www.nass.usda.gov, http://www.nass.usda.gov/QuickStats/Create_Federal_All.jsp*, in cui la produzione è espressa in migliaia di Bushels, riso a parte, si ricavano i seguenti dati:

Produzioni USA 1990 da dati USDA NASS					
Cerali 1990	Bushels Raccolto (Volume)	Kg/Bushel	Tonnellate	Milioni tonnellate	Grain 1990
Orzo	422.196.000	21,80	9.203.873	9,2	BARLEY
Mais	7.934.028.000	25,40	201.524.311	201,52	CORN (Shelled)
Avena	357.654.600	14,50	5.185.992	5,19	OATS
Riso	347.066.259	20,40	7.080.152	7,08	RICE
Segale	10.176.000	25,40	258.470	0,26	RYE
Sorgo	573.303.000	25,40	14.561.896	14,56	SORGHUM GRAIN
Frumento	2.729.778.000	27,20	74.249.962	74,25	WHEAT
	Bushels	**Kg/ Bushel**	**Metric tons**	**Million metric tons**	
	12.374.201.859	TOTALE	312.064.656	312,06	
1990 USA GRAIN PRODUCTION from USDA-NASS online database					

Tabella 16

La produzione di riso risulta espressa in cwt o thousand hundredweight. Un hundredweight USA risulta pari a 100 pounds o 45,36 Kg. Una thousand hundredweight corrisponde quindi a 45.360 Kg o centomila pounds.

Nel 1990 tale produzione è risultata pari a 156.088 thousand hundredweight ovvero 156.088 x 45.360=7.080.151,680 tonnellate. Per riportare uniformemente tutti i dati in tabella si è risaliti ai bushels tramite il fattore di conversione 20,4 kg/bushel, da cui 7.080.151,68 / 20,4 x 1.000 = 347.066.258,82 bushels

Eseguita con esito positivo questa verifica sono stati adoperati direttamente i dati dei cereali estratti nel database USDA-NASS, (abbracciante il periodo dal 1855 al 2008) con certezza di avere omogeneità nei dati, specie quando disaggregati nelle componenti.

VIII INCIDENZA DI ACCADIMENTO DI UNA ESPLOSIONE NEI CEREALI

VIII.1 GENERALITÀ

L'accadimento di una esplosione è senz'altro in relazione con la movimentazione del prodotto, in quanto la polvere si solleva in occasione della movimentazione e normalmente si deposita in sua assenza. Si ha quindi che la probabilità di accadimento di un'esplosione può legarsi alla quantità del prodotto movimentato. Ciò implica che vanno considerate non solo le quantità trattate ma anche le ore operative di funzionamento. Analogamente gli incidenti aerei sono rapportati al numero di voli (1 incidente ogni 2-3 milioni di voli) od alle ore di volo, le assicurazioni automobilistiche tengono conto della percorrenza annua di un veicolo etc.

Ci si domanda se le condizioni di sicurezza dell'impianto in cui avviene il processo siano un fatto statistico da tenere in considerazione. Le condizioni di sicurezza di un impianto, essendo le leggi valide ed uniformi sul territorio di una nazione, possono essere considerate una componente non significativa ai fini della variazione della probabilità di esplosione e pertanto non verranno in questa sede considerate come variabile esplicita. Le normative scandiscono le validità temporali del campo di applicazione dei risultati: ad ogni variazione significativa della normativa di sicurezza dovrà corrispondere una variazione negli accadimenti di esplosione e quindi una diversa probabilità. Se ciò non risultasse accadere dovremmo concludere che la normativa introdotta ha fallito il suo scopo.

Peraltro l'approccio statistico seguito non si propone di spiegare perché le esplosioni accadano ma si limita a rilevarne la frequenza media ed a definirne il campo di applicazione per poter calcolare la frequenza attesa di accadimento.

Va quindi tenuto ben presente che il risultato che si otterrà è per sua natura medio. Rispetto a tale valore medio vi saranno certamente realtà con accadimenti maggiori o minori. Tali situazioni saranno tuttavia puntuali e saranno destinate a diventare oggetto di valutazioni dedicate. Lo scopo di questo lavoro è di determinare un primo valore numerico quale standard di riferimento, rispetto al quale valutare la bontà di tecnologie e legislazioni.

La cosa più semplice che si possa fare è la determinazione della incidenza di accadimento di una esplosione per quantità di prodotto trattato, corrispondente, ad esempio, al numero di incidenti per numero di vetture circolanti nel campo automobilistico.

Successivamente si può affermare che, essendo avvenute X esplosioni ogni Y kg di prodotto trattato, ci si potrà attendere, nelle medesime condizioni operative, lo stesso rapporto fra esplosioni e prodotto trattato.

Si può pertanto ipotizzare l'incidenza media di accadimento di una esplosione espressa da:

$$\textit{Incidenza Media Esplosione= (Eventi totali)/ (Quantità totale)}$$

Per passare dalla incidenza all'incidenza attesa occorre tuttavia come minimo avere condizioni omogenee di normativa e di prodotto. In pratica mentre le incidenze si possono calcolare su qualunque cosa per fini descrittivi, la determinazione di una incidenza attesa di accadimento utilizzabile richiede di mirare e restringere l'obbiettivo. Ad esempio se determino l'incidenza di accadimento di esplosione su dati cumulati, una predizione basata su tale incidenza avrà valore per un cocktail di cereali di proporzioni simili a quelle su cui è stata rilevata. Da qui si percepisce la necessità di catalogare le esplosioni almeno per tipo di cereale: una frequenza calcolata sul solo frumento potrà essere adoperata per predire le esplosioni sul solo frumento. Una delle verifiche da fare sarà stabilire se la dimensione di impianto sia importante per l'accadimento di esplosioni di un cereale. La domanda, a cui in questo momento non siamo in grado di rispondere, è se le esplosioni siano dipendenti o meno dalla dimensione di impianto. Per ora le consideriamo tutte egualmente probabili in funzione del quantitativo trattato. Adottando questa ipotesi si afferma che crescendo la quantità di prodotto maneggiato aumenta la possibilità di esplosione. Secondo questo approccio impianti più grossi lavoreranno sicuramente quantità più elevate ed avranno pertanto assegnate incidenze attese di esplosione maggiore.

VIII.2 DETERMINAZIONE DELLA INCIDENZA MEDIA DI ACCADIMENTO DI ESPLOSIONE

Per i cereali di cui si possiedono dati, ovvero Avena, Frumento, Mais, Orzo, Riso, Segale, Sorgo la statistica delle esplosioni viene di seguito aggregata in quattro periodi, corrispondenti a due situazioni normative differenti, ante 1989 e post 1989. Per ciascun periodo vengono riportati gli incidenti,calcolate le medie degli incidenti per anno e riportate le produzioni.

Esplosioni morti e feriti dal 1958 al 2005					
Periodo	Standards	Numero Esplosioni	Numero di Morti	Numero di Feriti	Anni
1958-1971	No	155	44	303	14
1972-1988	No	303	175	558	17
1989-1998	Si	136	17	131	10
1999-2005	Si	59	7	69	7
Totali		*653*	*243*	*1061*	*48*
Total	*Standards*	*# Explosions*	*# Fatalities*	*# Injuries*	*# Years*
Explosions, Fatalities, Injuries 1958-2005					

Tabella 17

Medie					
Periodo	Standards	Esplosioni/Anno	Morti/Anno	Feriti/Anno	Anni
1958-1971	No	11,07	3,14	21,64	14
1972-1988	No	17,82	10,29	32,82	17
1989-1998	Si	13,6	1,7	13,1	10
1999-2005	Si	8,43	1	9,86	7
Period	*Standards*	*# Explosions/Year*	*# Fatalities/Year*	*# Injuries/Year*	*# Years*
Averages					

Tabella 18

Produzione di cereali				
Periodo	Standards	Milioni di tonnellate (USDA-NASS)	Anni	Media annua
1958-1971	No	2.590,70	14	185,05
1972-1988	No	4.625,40	17	272,08
1989-1998	Si	3.140,00	10	314,00
1999-2005	Si	2.401,28	7	343,04
Totale 1958-2005		**12.757,38**	**48**	265,78
Period		*Million Metric Tons (USDA-NASS)*	*# Years*	*Average per year*
Grain Production				

Tabella 19

Vengono quindi calcolate le incidenze per milione di tonnellate sui dati aggregati dal 1958 al 2005. Il numero ha senso per dare una descrizione sommaria del problema.

Negli Stati Uniti le frequenze di accadimento di una esplosione su tutti i dati aggregati disponibili risultano espresse da:

Statistiche degli incidenti da polvere di cereale negli USA per milione di tonnellate Dati aggregati degli anni 1958-2005				
Elemento	Eventi	Produzione in milioni di tonnellate	Incidenza per milione di tonnellate	Quantità di Ritorno dell'Evento (milioni di tonnellate)
Esplosioni/Explosions	653	12.757,38	0,05119	19,54
Morti/Fatalities	243	12.757,38	0,01905	52,50
Feriti/Injured	1061	12.757,38	0,08317	12,02
Item	*# Events*	*Production Million metric ton*	*Rate per Million metric Ton*	*Return Quantity per Million metric Ton*
Grain Dust Explosion rates in USA for million metric ton Aggregate data Years 1958-2005				

Tabella 20

Vi sono diverse considerazioni da fare su tali valori. Sicuramente in 50 anni le tecnologie adoperate nelle lavorazioni sono cambiate più volte. Un impianto industriale in genere almeno ogni 20-25 anni viene completamente rinnovato nella componente produttiva per via dell'obsolescenza tecnologica. Inoltre oggi tale periodo si sta accorciando, per via dell'introduzione dell'elettronica e del susseguirsi di normative.

All'introduzione di normative corrisponde in genere anche un cambio di tecnologia al quale è legato una variazione dell'accadimento di incidenti. Ad esempio nel settore automobilistico vi sono stati diversi momenti in cui elementi di sicurezza sono stati resi obbligatori o diventati standard. Ad esempio le cinture di sicurezza, il casco per i motociclisti, l'ABS, l'airbag, le luci sempre accese, la terza luce di stop, i quattro lampeggiatori (Hazard), la patente a punti, le revisioni biennali, le multe, gli autovelox, i controlli droghe alcool etc. Sapere con certezza quali effetti reali abbiano avuto tutte queste misure rimane una delle sfide Italiane del nuovo millennio. Di certo l'effetto desiderato e riscontrabile, ovvero la riduzione dei premi assicurativi RC, è sotto gli occhi di tutti noi e rappresenta l'efficacia delle normative introdotte.

Dal 1982 gli enti federali USA hanno raccolto e reso disponibili una serie di informazioni statistiche:
- Esplosioni per tipo di prodotto trattato al momento dell'esplosione;
- Tipo di elemento in cui è avvenuta l'esplosione fra i quali:
1. Stoccaggi (Grain Elevator). Con stoccaggio si intende l'insieme dei silos e degli elevatori (elevator leg);
2. Mulini per mangimi (Feed Mill), composti da silos, elevatori e mulino. Il tipo di prodotto ottenuto ha granulometria grossa, detto spezzato(>1 mm) ed è destinato all'alimentazione animale. I prodotti trattati negli USA per comporre i mangimi sono, oltre ai cerali, i più svariati vegetali, inclusi i semi oleosi. Non è risultato possibile attribuire le esplosioni di queste attività ai singoli prodotti.
3. Mulini per farina (Flour Mill) composti da silos, elevatori e mulino. Il tipo di prodotto ottenuto, la farina, ha granulometria fine (<1 mm). I prodotti trattati negli USA sono principalmente frumento e grani non oleosi e sono destinati all'alimentazione umana per fare pane, dolci, pasta; Chi macina farina a livello industriale normalmente si specializza acquistando macchinari dedicati ad un prodotto per ottenere una resa migliore.
4. Macinazione di mais, processo a secco (Corn Milling, dry);
5. Macinazione di mais, processo a umido (Corn Milling, wet);
6. Mulini per riso (Rice Mill);
7. Mulini per avena (Oat Mill).

Vediamo ora di approfondire i processi di lavorazione del mais. Il mais viene lavorato mediante processi a secco od ad umido. Quello ad umido non è stato messo sotto osservazione da OSHA, anche se risultano presenti esplosioni.

Processo a secco (Corn Milling dry):

I prodotti principali ottenuti dalla macinazione sono lo spezzato di mais e la farina di nais.

Ci sono diversi tipi di mulino a secco, vedi http://www.namamillers.org/prd_c_mill.html

Dal processo si separano le tre componenti principali del chicco. Si ottengono semole (coarsely ground corn or grits) e farine di Mais (CornMeal o fine ground corn). Dal germe si estrae l'olio.

Macinazione di mais, processo umido (Corn Milling wet):

Fonte: http://www.epa.gov/ttn/chief/ap42/ch09/final/c9s09-7.pdf

L'EPA (Environment Protection Agency) è l'agenzia governativa Americana che si occupa delle emissioni in ambiente. La sigla è nota perché è visualizzata all'accensione su molti monitor per PC.

Il processo ad umido è recente rispetto alla molitura a secco, ha circa 150 anni di vita

I prodotti ottenuto sono amido, sciroppi, oli, zuccheri e bioderivati come glutine e farine.

Nel 1994 operavano 27 impianti ad umido negli Stati Uniti.

Nel procedimento il chicco di Mais viene diviso in tre parti: Esterno (Bran or Hull), l'endosperma contenente amido e glutine, il germe contente l'olio. Da 25 Kg di mais (peso di 1 Bushel) si ottengono circa 14 kg di amido, circa 6,6 kg di prodotti alimentari, circa 0,9 kg di olio. Il resto è acqua.

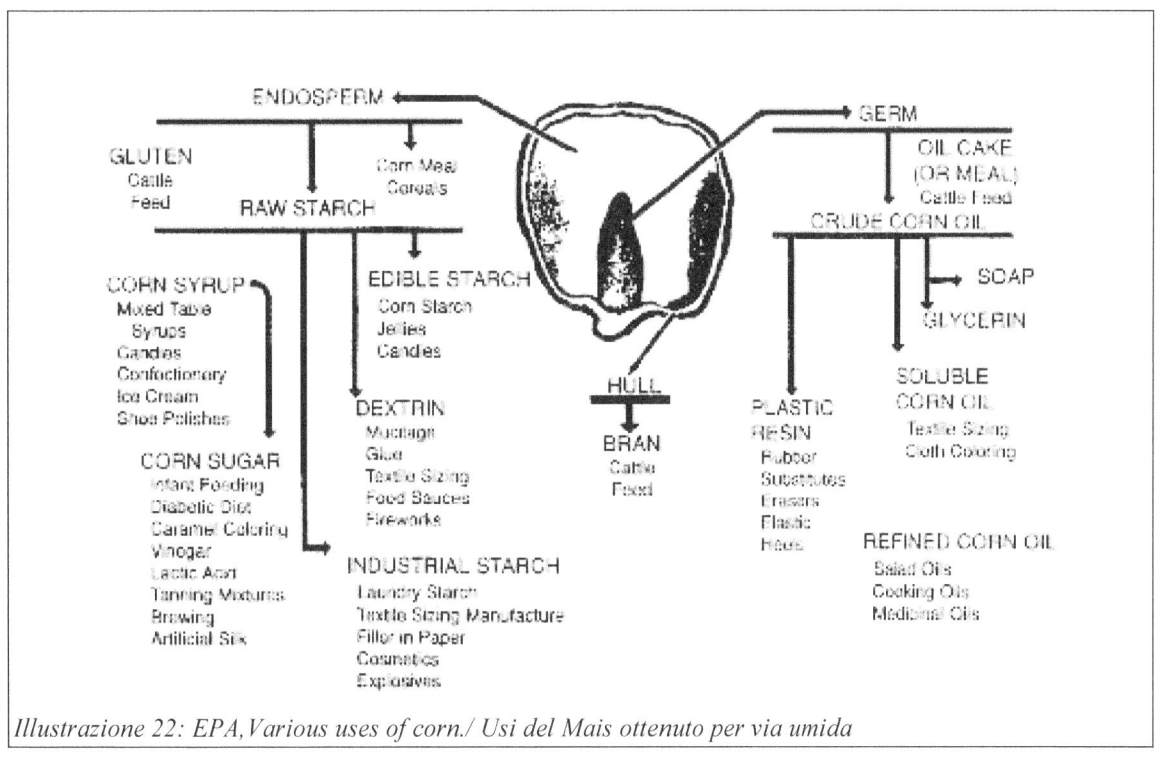

Illustrazione 22: EPA,Various uses of corn./ Usi del Mais ottenuto per via umida

Il periodo su cui punteremo l'attenzione è quello successivo alla prima crisi energetica, quella del 1972. Tale crisi portò al ridisegno di molti processi produttivi e mise rapidamente fuori servizio gli impianti non più energeticamente concorrenziali. Nel 1972 la tecnologia di controllo negli impianti industriali era sostanzialmente ancora di tipo elettromeccanica, ovvero basata sull'utilizzo dei relais. Il microprocessore TI 4004 nel 71 era disponibile solo per uso militare. La prima domanda di brevetto fu depositata dalla Texas Instruments il 4 settembre 1973. Negli anni 70 comparvero il Motorola 6800 e l'Intel 8088. Tali processori conquistarono rapidamente il mercato dei controlli automatici, rendendo obsoleti gli impianti a relais negli anni 80, grazie anche ai prezzi sempre più popolari. Il primo PLC, Programmable Logic Controller, tuttora il controllore per eccellenza nelle applicazioni industriali, fu prodotto nel 1977.

IX DATI DI BASE

IX.1 GENERALITÀ

Col fine di arrivare a determinare la probabilità di accadimento vengono di seguito riportati gli elementi di base su cui sono state impostate le elaborazioni.

Il primo elemento è costituito dai valori della produzione di cereali negli Stati Uniti, in forma disaggregata per tipo di cereale e per situazione normativa. Tali dati sono stati elaborati sulla base dei valori presenti nel database on line USDA-NASS.

Il secondo elemento è costituito dal numero delle esplosioni e dal numero dei morti e feriti. Tali dati sono stati elaborati sulla base dei valori presenti nelle pubblicazioni dell'Università del Kansas, in collaborazione con FGIS-USDA. (Federal Grain Inspection Service, United States Department of Agriculture).

Le statistiche disponibili online partono dal 1972. Dal 1980 risulta disponibile un report contenente l'elenco degli incidenti, con le date, il tipo di attività, il numero dei morti e feriti. Non è presente il tipo di cereale in lavorazione al momento dello scoppio.
Dal 1981 i rapporti risultano firmati da R.W Schoeff, che migliorerà rapidamente la qualità dei resoconti.

Nel rapporto del 1984 viene aggiunto per la prima volta un prospetto, riportante una sintesi degli avvenimenti dal 1956 in forma aggregata e dal 1976 in forma disaggregata. Nel 1985 il prospetto non viene allegato per venire poi ripreso definitivamente nella pubblicazione del 1986, nella cui forma viene sotto riportato.

DUST EXPLOSION STATISTICS - U.S.

	1990-1956[1]	1958-1975[2]	1977	1978	1979	1980	1981	1982	1983	1984	1985	1986	Average 10 Years 1977-1986
NUMBER OF INCIDENTS	490	192	20	19	19	44	21	14	13	20	22	21	21
DEAD	381	68	65	8	2	10	13	6	-	9	4	2	12
INJURED	991	346	84	36	18	47	62	34	14	29	20	14	36
EST. OF DAMAGE TO FACILITY ($MIL)	$70.0	$55.0	$75.0	$5.0	$8.0	$10.0	$29.0	$15.0	$3.6	$19.8	$65.0	$1.6	$15.7
TYPE OF FACILITY GRAIN ELEVATOR			13	13	16	27	19	11	9	12	18	11	
FEED MILL			1	3	2	8	1	2	4	5	1	5	
FLOUR MILL			1	-	1	1	-	-	-	1	-	1	
OTHER: CORN PROCESSOR			3	2	-	2	-	-	-	1	2	-	
BREWERY			-	-	-	2	-	-	-	-	-	-	
SOYBEAN			-	-	-	1	-	-	-	1	-	-	
ALFALFA DEHY.			-	-	-	1	-	-	-	-	-	-	
RICE MILL			1	-	-	-	1	-	-	-	1	2	
STARCH PLANT			-	-	-	-	-	1	-	-	-	-	
STAREA PLANT			-	1	-	-	-	-	-	-	-	-	
PET FOOD			1	-	-	-	-	-	-	-	-	-	
OTHER			-	-	-	-	-	-	-	1	-	2	

[1] N.F.P.A (no report for 1957)
[2] U.S.D.A. Task Report

Source: Robert W. Schoeff, Dept. of Grain Science & Industry Kansas State University, February 25, 1987 in cooperation with Ralph Regan, FGIS, USDA.

Illustrazione 23: R.W.Schoeff, KSU- R.Regan, FGIS-USDA

Sempre nel 1986 viene pubblicato un prospetto fondamentale che si rivelerà importantissimo nello studio attuale, per cui ne viene sotto riportato un esempio:

DUST EXPLOSIONS BY
COMMODITY HANDLED AY TIME OF EXPLOSION
1980 TO DATE

COMMODITY	1980	1981	1982	1983	1984	1985	1986
CORN			7	8	12	14	7
SORGHUM			1	1	2	2	5
SOYBEANS			2	1	2	-	1
WHEAT			1	-	4	-	2
BARLEY			-	-	-	1	1
BARLEY CHAFF-MALT SPROUTS			1	-	-	-	-
CORN STARCH			-	-	-	1	-
CORN GLUTEN MEAL			-	-	1	2	-
GRAIN SCREENINGS			-	1	-	-	-
RICE (BRAN)			-	-	-	1	2
WHEAT STARCH			1	-	-	-	-
NONE			-	1	1	1	2
TOTAL EXPLOSIONS	44	21	14	13	20	22	21

Robert W. Schoeff
July 1987

Illustrazione 24: R.W.Schoeff -KSU

In questo lavoro sono stati attribuiti agli stoccaggi le esplosioni degli stoccaggi di altre attività. Ad esempio se in un mulino industriale l'esplosione risulta avvenuta nello stoccaggio a servizio del mulino, tale esplosione è stata sommata negli incidenti degli stoccaggi.

Ciò è stato applicato:

1. nel 1982, 1 registrazione;
2. nel 1999, 2 registrazioni;
3. nel 2004, 2 registrazioni.

Con il termine cereali si sono praticamente indicati quei prodotti cerali che erano in lavorazione al momento dell'esplosione, presenti nelle tabelle Total Grain Production pubblicate da USDA-NASS. Ciò implica che, ad esempio, la soia (soybeans), non essendo un cereale, non è stata considerata nelle statistiche.
Per quanto riguarda la segale (Rye) si fa presente che non è risultata essere stata causa di incidenti, per cui non è stato possibile effettuare delle previsioni.

IX.2 PRODUZIONE DI CEREALI USA

IX.2.1 Anni non regolamentati (1972-1988).

I valori sono espressi in milioni di tonnellate metriche.
OSHA pubblicò le Grain Handling Facilities Standard il 31/12/1987, con efficacia dal 31/03/1988.

#	Anno	Orzo	Mais	Avena	Riso	Segale	Sorgo	Frumento	Totale
1	1972	9,19	141,73	10,01	3,88	0,72	20,35	42,06	227,9
2	1973	9,10	144,04	9,56	4,21	0,63	23,45	46,53	237,5
3	1974	6,51	119,42	8,71	5,10	0,44	15,82	48,47	204,5
4	1975	8,27	148,36	9,26	5,83	0,40	19,16	57,85	249,1
5	1976	8,35	159,74	7,84	5,25	0,38	18,05	58,45	258,1
6	1977	9,33	165,23	10,92	4,50	0,42	19,84	55,64	265,9
7	1978	9,91	184,61	8,43	6,04	0,61	18,57	48,29	276,5
8	1979	8,35	201,37	7,64	5,99	0,56	20,51	58,05	302,5
9	1980	7,87	168,64	6,65	6,63	0,41	14,72	64,76	269,7
10	1981	10,32	206,21	7,39	8,29	0,46	22,25	75,76	330,7
	Totali	87	1.639	86	56	5	193	556	2.622
	%	3,33%	62,52%	3,30%	2,12%	0,19%	7,35%	21,20%	100,00%
	Period	Barley	Corn	Oat	Rice	Rye	Sorghum	Wheat	Total

Produzione di Cerali USA 1972-1981 in milioni di tonnellate, Periodo non normato da OSHA

Grain Production in USA 1972-1981 in million metric tons(USDA-NASS), No OSHA standards

Tabella 21:Fonte/Source USDA-NASS

#	Anno	Orzo	Mais	Avena	Riso	Segale	Sorgo	Frumento	Totale
1	1982	11,25	209,17	8,59	6,97	0,5	21,21	75,21	332,9
2	1983	11,08	106,03	6,91	4,52	0,69	12,38	65,82	207,4
3	1984	13,04	194,87	6,87	6,30	0,82	22	70,58	314,5
4	1985	12,87	225,44	7,52	6,12	0,52	28,45	65,94	346,9
5	1986	13,27	208,93	5,58	6,05	0,48	23,85	56,86	315,0
6	1987	11,37	181,14	5,42	5,88	0,5	18,56	57,33	280,2
7	1988	6,32	125,19	3,15	7,25	0,37	14,65	49,29	206,2
	Totale	79	1.251	44	43	4	141	441	2.003
	%	3,95%	62,44%	2,20%	2,15%	0,19%	7,04%	22,02%	100,00%
	Period	Barley	Corn	Oat	Rice	Rye	Sorghum	Wheat	Total

Produzione di Cerali USA 1982-1988 in milioni di tonnellate, Periodo non normato da OSHA

Grain Production in USA 1982-1988 in million metric tons(USDA-NASS), No OSHA standards

Tabella 22:Fonte/Source USDA-NASS

IX.2.2 Sintesi delle produzioni di cereali negli USA periodo 1972-1988

Produzione di Cerali USA 1972-1988 in milioni di tonnellate, Periodo non normato da OSHA								
Anno	*Orzo*	*Mais*	*Avena*	*Riso*	*Segale*	*Sorgo*	*Frumento*	*Totale*
1972-1988	166,40	2.890,12	130,45	98,81	8,91	333,82	996,89	**4.625**
%	3,60%	62,48%	2,82%	2,14%	0,19%	7,22%	21,55%	**100%**
Period	Barley	Corn	Oat	Rice	Rye	Sorghum	Wheat	Total
Grain Production in USA 1972-1988 in million metric tons(USDA-NASS), No OSHA standards								

Tabella 23 Fonte/Source USDA-NASS

IX.2.3 Anni regolamentati da OSHA.

Produzione di cereali USA in milioni di tonnellate 1989-1998, sotto regolamentazione OSHA

#	Anno	Orzo	Mais	Avena	Riso	Segale	Sorgo	Frumento	Totale
1	1989	8,81	191,31	5,42	7,01	0,34	15,63	55,40	283,9
2	1990	9,20	201,52	5,19	7,08	0,26	14,56	74,25	312,1
3	1991	10,12	189,86	3,54	7,23	0,25	14,86	53,04	278,9
4	1992	9,92	240,71	4,27	8,15	0,29	22,23	67,10	352,7
5	1993	8,68	160,98	3,00	7,08	0,26	13,57	65,18	258,8
6	1994	8,17	255,28	3,32	8,97	0,29	16,40	63,13	355,6
7	1995	7,83	187,96	2,34	7,89	0,26	11,65	59,37	277,3
8	1996	8,56	234,51	2,22	7,79	0,23	20,20	61,94	335,5
9	1997	7,85	233,85	2,43	8,30	0,21	16,09	67,50	336,2
10	1998	7,66	247,87	2,40	8,37	0,31	13,21	69,29	349,1
Totale		**86,8**	**2.143,9**	**34,1**	**77,9**	**2,7**	**158,4**	**636,2**	**3.140,0**
%		2,76%	68,28%	1,09%	2,48%	0,09%	5,04%	20,26%	**100%**
Period		Barley	Corn	Oat	Rice	Rye	Sorghum	Wheat	Total

Grain Production in USA 1989-1998 in million metric tons(USDA-NASS), under OSHA standards

Tabella 24: Fonte/Source USDA-NASS

Produzione di cereali USA in milioni di tonnellate 1999-2005, sotto regolamentazione OSHA

#	Anno	Orzo	Mais	Avena	Riso	Segale	Sorgo	Frumento	Totale
1	1999	5,93	239,54	2,11	9,35	0,28	15,12	62,44	334,8
2	2000	6,93	251,84	2,16	8,66	0,21	11,95	60,61	342,4
3	2001	5,41	241,37	1,71	9,76	0,18	13,06	52,97	324,5
4	2002	4,95	227,76	1,68	9,57	0,16	9,16	43,68	297,0
5	2003	6,07	256,27	2,09	9,07	0,22	10,45	63,78	348,0
6	2004	6,10	299,90	1,68	10,54	0,21	11,52	58,70	388,7
7	2005	4,62	282,30	1,67	10,11	0,19	9,98	57,25	366,1
Totale		**40,0**	**1.799,0**	**13,1**	**67,1**	**1,5**	**81,2**	**399,4**	**2.401,3**
%		1,67%	74,92%	0,55%	2,79%	0,06%	3,38%	16,63%	**100%**
Period		Barley	Corn	Oat	Rice	Rye	Sorghum	Wheat	Total

Grain Production in USA 1999-2005 in million metric tons(USDA-NASS), under OSHA standards

Tabella 25: Fonte/Source USDA-NASS

IX.2.4 Sintesi delle produzioni di cereali negli USA periodo 1989-2005

Produzione di cereali USA in milioni di tonnellate 1989-2005, sotto regolamentazione OSHA

Anno	Orzo	Mais	Avena	Riso	Segale	Sorgo	Frumento	Totale
1989-2005	126,8	3.942,8	47,2	144,9	4,2	239,6	1.035,6	**5.541,2**
%	2,29%	71,15%	0,85%	2,62%	0,07%	4,32%	18,69%	**100%**
Period	Barley	Corn	Oat	Rice	Rye	Sorghum	Wheat	Total

Grain Production in USA 1989-2005 in million metric tons(USDA-NASS), under OSHA standards

Tabella 26: Fonte/Source USDA-NASS

X INDICI STORICI DI ESPLOSIONE PER TIPO DI CEREALE

X.1 GENERALITÀ

Gli indici espressi nel presente paragrafo sono puramente indicativi, in quanto all'interno di essi sono racchiuse due situazioni normative differenti. Sono stati riportati anche se rappresentano semplicemente dei valori di riferimento medi su cui eseguire le prime deduzioni.

Esplosioni per tipo di cereale 1982-2005								
Periodo	*Orzo*	*Mais*	*Avena*	*Riso*	*Segale*	*Sorgo*	*Frumento*	*Totale*
1982-2005	6	158	6	10	0	15	25	*220*
%	2,73%	71,82%	2,73%	4,55%	0,00%	6,82%	11,36%	*100,00%*
Period	Barley	Corn	Oat	Rice	Rye	Sorghum	Wheat	Total
Grain Dust Explosion by commodity handled at time of Explosion 1982-2005								

Tabella 27: Vedi Tabella 81

Produzione USA di cereali in milioni di tonnellate 1982-2005								
Periodo	*Orzo*	*Mais*	*Avena*	*Riso*	*Segale*	*Sorgo*	*Frumento*	*Totale*
1982-2005	126,8	3.942,8	47,2	144,9	4,2	239,6	1.035,6	*5.541,2*
%	2,29%	71,15%	0,85%	2,62%	0,07%	4,32%	18,69%	*100,00%*
Period	Barley	Corn	Oat	Rice	Rye	Sorghum	Wheat	Total
USA Grain Production in million metric tons 1982-2005								

Tabella 28: Vedi Tabella 26

Incidenza delle esplosioni nei cereali negli USA per milione di tonnellate 1982-2005								
	Orzo	*Mais*	*Avena*	*Riso*	*Segale*	*Sorgo*	*Frumento*	
Incidenza	0,04731	0,04007	0,12704	0,06900	0,00000	0,06259	0,02414	Rate
Quantità di Ritorno	21,1	25,0	7,9	14,5	*ND*	16,0	41,4	Quantity of Return
	Barley	Corn	Oat	Rice	Rye	Sorghum	Wheat	
USA Grain Explosion Rate for million metric tons 1982-2005								

Tabella 29

L'analisi dell'incidenza media di esplosione sui dati aggregati mostra che i cereali non sono equivalenti fra loro: ad esempio l'avena risulta circa cinque volte più soggetta ad esplosioni del frumento.

Nella tabella 30 viene riportata la classifica dei cereali in funzione della loro incidenza di esplosione.

Classifica dei cereali negli USA in base alle Quantità di Ritorno, in milioni di tonnellate, 1982-2005			
Cereale	*Grain*	*Milioni di tonnellate per ritorno*	*Indice*
Avena	Oat	7,87	0,1270379
Riso	Rice	14,49	0,0689988
Sorgo	Sorghum	15,98	0,0625939
Orzo	Barley	21,13	0,0473149
Mais	Corn	24,95	0,0400727
Frumento	Wheat	41,43	0,0241399
Segale	Rye	ND	0,0000000
		Million Tons for return	**Rate**
USA Grain, Sorted by Quantity of Return , Million Metric Tons, 1982-2005			

Tabella 30

In base alla tabella, avena e riso sono risultati gli elementi con la minor quantità media lavorata fra due esplosioni, frumento e mais quelli con la maggiore. Frumento e mais risulterebbero quindi meno soggetti ad esplosione di riso e avena.

Il grande numero di esplosioni nel mais sembra quindi legato anche alle grandi quantità lavorate. Queste conclusioni sono dedotte da medie su dati aggregati, sarà interessante scoprire e confrontare i valori ottenuti disaggregando i dati in base alle normative.

X.2 INCIDENZE DELLE ESPLOSIONI PER TIPO DI CEREALE

X.2.1 Periodo non normato 1982-1988.

Analizziamo il periodo non normato, precisamente quello intercorrente tra la pubblicazione delle conclusioni dell'accademia nazionale delle scienze e la entrata in vigore delle raccomandazioni OSHA.

Esplosioni da polvere di cereale USA 1982-1988 (KSU), Periodo non regolamentato								
Anno	Orzo	Mais	Avena	Riso	Segale	Sorgo	Frumento	Totale
1982-1988	2	66	2	4	0	11	9	94
	2,13%	70,21%	2,13%	4,26%	0,00%	11,70%	9,57%	100,00%
	Barley	Corn	Oat	Rice	Rye	Sorghum	Wheat	
USA Grain Dust Explosions 1982-1988 (KSU). No standards								

Tabella 31: Vedi tabella 77

Produzione di cereali USA 1982-1988 milioni di tonnellate, periodo non regolamentato.								
Periodo	Orzo	Mais	Avena	Riso	Segale	Sorgo	Frumento	Totale
1982-1988	79,2	1250,8	44,0	43,1	3,9	141,1	441,0	2003,1
	3,95%	62,44%	2,20%	2,15%	0,19%	7,04%	22,02%	100,00%
	Barley	Corn	Oat	Rice	Rye	Sorghum	Wheat	
USA Grain Production 1982-1988, million metric tons								

Tabella 32: Vedi tabella 22

USA, Indice di esplosione nei cereali per milione di tonnellate, 1982-1988								
	Orzo	Mais	Avena	Riso	Segale	Sorgo	Frumento	
Incidenza	0,0253	0,0528	0,0454	0,0928	0,0000	0,0780	0,0469	Rate
Quantità di Ritorno	39,6	19,0	22,0	10,8	ND	12,8	21,3	Quantity of Return
	Barley	Corn	Oat	Rice	Rye	Sorghum	Wheat	
USA Grain explosion Rate for Million Metric Tons. No Standards OSHA. 1982-1988								

Tabella 33

Classifica in base alla Quantità di Ritorno Periodo non Normato.			
Cereale	Quantità di Ritorno	Indice Esplosione per Milione tonn.	Grain
Riso	10,77	0,09283	Rice
Sorgo	12,83	0,07796	Sorghum
Mais	18,95	0,05277	Corn
Frumento	21,31	0,04693	Wheat
Avena	22,02	0,04541	Oat
Orzo	39,60	0,02525	Barley
Segale	ND	0,00000	Rye
	Quantity of Return -Years	Explosion Rate for million Tons	
Sort By Quantity of Return . No Standard OSHA.			

Tabella 34

Nel periodo non regolamentato, riso e sorgo sono risultati gli elementi con maggior accadimento di esplosione per tonnellata, avena ed orzo i minori. Mais e frumento stanno in mezzo.

Le tonnellate di ritorno riportate esprimono il fatto che nel periodo anteriore all'emanazione degli standard OSHA nella lavorazione dell'orzo la quantità media lavorata fra due esplosioni è risultata pari a 39,6 milioni di tonnellate mentre nel caso del riso è risultata pari a 10,77 milioni di tonnellate.

X.2.2 Periodo normato 1989-1998

Esplosioni da polvere di cereale negli USA. 1989-1998, I periodo normato.							
Anni/Years	Orzo	Mais	Avena	Riso	Segale	Sorgo	Frumento	Totale
1989-1998	4	57	3	6	0	4	12	86
%	4,65%	66,28%	3,49%	6,98%	0,00%	4,65%	13,95%	100,00%
	Barley	Corn	Oats	Rice	Rye	Sorghum	Wheat	
USA Grain Dust Explosion 1989-1998, under standards OSHA							

Tabella 35: Vedi Tabella 78

Produzione di cereali USA 1989-1998, in milioni di tonnellate, I periodo normato.							
Anni/Years	Orzo	Mais	Avena	Riso	Segale	Sorgo	Frumento	Totale
1989-1998	86,8	2.143,9	34,1	77,9	2,7	158,4	636,2	3.140,0
%	2,76%	68,28%	1,09%	2,48%	0,09%	5,04%	20,26%	100,00%
	Barley	Corn	Oats	Rice	Rye	Sorghum	Wheat	
USA Grain Production 1989-1998, million metric tons, under standards OSHA							

Tabella 36

USA, Indice di esplosione dei cereali per milione di tonnellate, 1989-1998, I periodo normato.							
	Orzo	Mais	Avena	Riso	Segale	Sorgo	Frumento	
Indice di Esplosione	0,0461	0,0266	0,0879	0,0771	0,0000	0,0253	0,0189	Explosion Rate
Quantità di Ritorno	21,7	37,6	11,4	13,0	ND	39,6	53,0	Quantity of Return
	Barley	Corn	Oats	Rice	Rye	Sorghum	Wheat	
USA Grain Explosion Rate for million metric tons, 1989-1998, under standards OSHA							

Tabella 37

Classifica in base alla quantità di ritorno negli USA per milione di tonnellate (1989-1998)
I periodo normato

Cereale	Quantità di ritorno Milioni di tonnellate	Indice di Esplosione per milione di tonnellate		Grain
Avena	11,38	0,087899	8,79E-02	Oats
Riso	12,98	0,077051	7,71E-02	Rice
Orzo	21,70	0,046083	4,61E-02	Barley
Mais	37,61	0,026588	2,66E-02	Corn
Sorgo	39,60	0,025253	2,53E-02	Sorghum
Frumento	53,02	0,018862	1,89E-02	Wheat
Segale	ND	0,000000	0,00E+00	Rye
	Quantity Of Return Million metric tons	Explosion Rate For million metric tons		

Sorted by USA Quantity of Return, million metric tons (1989-1998), under standard OSHA

Tabella 38

X.2.3   Periodo normato 1999-2005

Esplosioni da polvere di cereale negli USA, 1999-2005, II periodo normato

Anni/Years	Orzo	Mais	Avena	Riso	Segale	Sorgo	Frumento	Totale
1999-2005	0	35	1	0	0	0	4	40
%	0,00%	87,50%	2,50%	0,00%	0,00%	0,00%	10,00%	100,00%
	Barley	Corn	Oats	Rice	Rye	Sorghum	Wheat	Total

USA Grain Dust Explosion 1999-2005 , Under Standards OSHA

Tabella 39: Vedi Tabella 79

Produzione di cereali USA in milioni di tonnellate, 1999-2005,II periodo normato.

Anni/Years	Orzo	Mais	Avena	Riso	Segale	Sorgo	Frumento	Totale
1999-2005	40,0	1799,0	13,1	67,1	1,5	81,2	399,4	2.401,3
%	1,67%	74,92%	0,55%	2,79%	0,06%	3,38%	16,63%	100,00%
	Barley	Corn	Oats	Rice	Rye	Sorghum	Wheat	

USA Grain Production 1999-2005, million metric tons

Tabella 40: Vedi Tabella 25

USA, Indice di esplosione dei cereali per milione di tonnellate, 1999-2005,II periodo normato.

	Orzo	Mais	Avena	Riso	Segale	Sorgo	Frumento	
Frequenza	0,0000	0,0195	0,0763	0,0000	0,0000	0,0000	0,0100	Rate
Quantità di ritorno	ND	51,4	13,1	ND	ND	ND	99,9	Quantity of Return
	Barley	Corn	Oats	Rice	Rye	Sorghum	Wheat	

USA Grain Explosion Rate for million metric tons 1999-2005

Tabella 41

Classifica in base alla Quantità di Ritorno in milioni di tonnellate (1999-2005) II periodo normato				
Cereale	Quantità di ritorno Milioni di tonnellate	Incidenza per milione di tonnellate		Grain
Segale	ND	0,00000	0,00E+00	*Rye*
Sorgo	ND	0,00000	0,00E+00	*Sorghum*
Riso	ND	0,00000	0,00E+00	*Rice*
Orzo	ND	0,00000	0,00E+00	*Barley*
Avena	13,10	0,07634	7,63E-02	*Oats*
Mais	51,40	0,01946	1,95E-02	*Corn*
Frumento	99,86	0,01001	1,00E-02	*Wheat*
	Quantity Of Return , Million Metric Tons	*Rate for million metric tons*		
Sorted by Quantity of Return, million metric tons (1999-2005)				

Tabella 42

Nel secondo decennio si hanno solo 6 anni disponibili. Sembra evidente un miglioramento rispetto al decennio precedente. La KSU ha cessato, almeno momentaneamente, di pubblicare i suoi preziosi report. Si valuta a questo punto complessivamente il periodo normato per estrarre dei valori di riferimento su una base dati più ampia.

X.2.4 Sintesi Periodo Normato, dal 1989 al 2005

Il periodo 1982-1988 è quello antecedente all'entrata in vigore delle normative OSHA. Pur essendo le esplosioni da polvere note ed analizzate dall'inizio del secolo, a cavallo tra gli anni 70 ed 80 i morti ed i feriti conseguenti alle esplosioni furono tali da far dichiarare il fenomeno un problema nazionale degli USA. I dati disponibili sul periodo normato abbracciano complessivamente il periodo dal 1989 al 2005.

Esplosioni da polvere di cereale negli USA 1989-2005, periodo normato da OSHA								
Anno	*Orzo*	*Mais*	*Avena*	*Riso*	*Segale*	*Sorgo*	*Frumento*	*Totale*
1989-2005	4	92	4	6	0	4	16	126
%	3,17%	73,02%	3,17%	4,76%	0,00%	3,17%	12,70%	100,00%
	Barley	*Corn*	*Oats*	*Rice*	*Rye*	*Sorghum*	*Wheat*	
USA Grain Dust Explosion 1989-2005 , Under Standards OSHA								

Tabella 43: Vedi Tabella 80

Produzione di cereali USA 1989-2005, milioni di tonnellate,periodo normato da OSHA								
	Orzo	*Mais*	*Avena*	*Riso*	*Segale*	*Sorgo*	*Frumento*	*Totale*
Quantità Quantity	126,81	3.942,83	47,23	144,93	4,15	239,64	1.035,63	5.541,22
%	2,29%	71,15%	0,85%	2,62%	0,07%	4,32%	18,69%	100,00%
	Barley	*Corn*	*Oats*	*Rice*	*Rye*	*Sorghum*	*Wheat*	*Total*
USA Grain Production 1989-2005, million metric tons								

Tabella 44

Esplosioni medie dei cereali negli USA per milione di tonnellate, base 1989-2005								
Anno	*Orzo*	*Mais*	*Avena*	*Riso*	*Segale*	*Sorgo*	*Frumento*	
Esplosioni medie per milione di tonnellate	0,031543	0,023333	0,084692	0,041399	0,000000	0,016692	0,015450	*Mean Explosions for million ton*
Quantità di ritorno	**31,7**	**42,9**	**11,8**	**24,2**	**ND**	**59,9**	**64,7**	*Quantity of Return*
	Barley	Corn	Oats	Rice	Rye	Sorghum	Wheat	
USA Grain Mean Explosion Rate for million metric tons , 1989-2005 based								

Tabella 45 , vedi tabella 43 e tabella 44

Classifica in base alla quantità di ritorno in milioni di tonnellate (1989-2005)				
Cereale	Quantità di ritorno Milioni di tonnellate	Indice medio Esplosione per milione di tonnellate		Grain
Avena	11,81	0,08469193	8,47E-02	Oats
Riso	24,16	0,04139930	4,14E-02	Rice
Orzo	31,70	0,03154325	3,15E-02	Barley
Mais	42,86	0,02333349	2,33E-02	Corn
Sorgo	59,91	0,01669170	1,67E-02	Sorghum
Frumento	64,73	0,01544953	1,54E-02	Wheat
Segale	ND	0,00000000	0,00E+00	Rye
	Quantity Of Return Million metric tons	*Mean Explosion Rate for million metric tons*		
Sorted by Quantity of Return, million metric tons (1989-2005), under Standards OSHA				

Tabella 46, vedi tabella 45

L'introduzione degli standard OSHA ha prodotto benefici apprezzabili sia per il mais, passato da una esplosione ogni 19 milioni di tonnellate ad una esplosione ogni 42 milioni di tonnellate, sia per il frumento, passato da una esplosione ogni 21 milioni di tonnellate ad una esplosione ogni 65 milioni di tonnellate.

In base alla tabella, nel periodo regolamentato, avena e riso sono risultati gli elementi con maggior accadimento di esplosione per tonnellata, sorgo e frumento i minori.

Rispetto alla tabella 30 sono variate le quantità di ritorno, mentre la classifica non risulta sostanzialmente alterata.

Dalla comparazione fra periodo normato e non normato risulta evidente che le norme introdotte sono state efficaci, specie nei cerali maggiormente lavorati.

Variazioni della Quantità di Ritorno (milioni di tonnellate) fra periodo normato e non.					
Cereale	Quantità di Ritorno. Periodo non normato	Quantità di Ritorno. Periodo normato	Quantità lavorata 1982-2005	Variazione % quantità di ritorno	Grain
Segale	ND	ND	4,15	0,00%	Rye
Avena	22,0	11,81	47,23	-46,38%	Oat
Riso	10,8	24,16	144,93	124,23%	Rice
Orzo	39,6	31,70	126,81	-19,94%	Barley
Mais	19,0	42,86	3.942,83	126,14%	Corn
Sorgo	12,8	59,91	239,64	367,05%	Sorghum
Frumento	21,3	64,73	1.035,63	203,74%	Wheat
	Quantity of Return. No standard OSHA	Quantity of Return. Under Standard OSHA	Handled 1982-2005	Variation Quantity of return	
Variation of Quantity of Return (Million metric tons) between no standard and standard OSHA period.					

Tabella 47

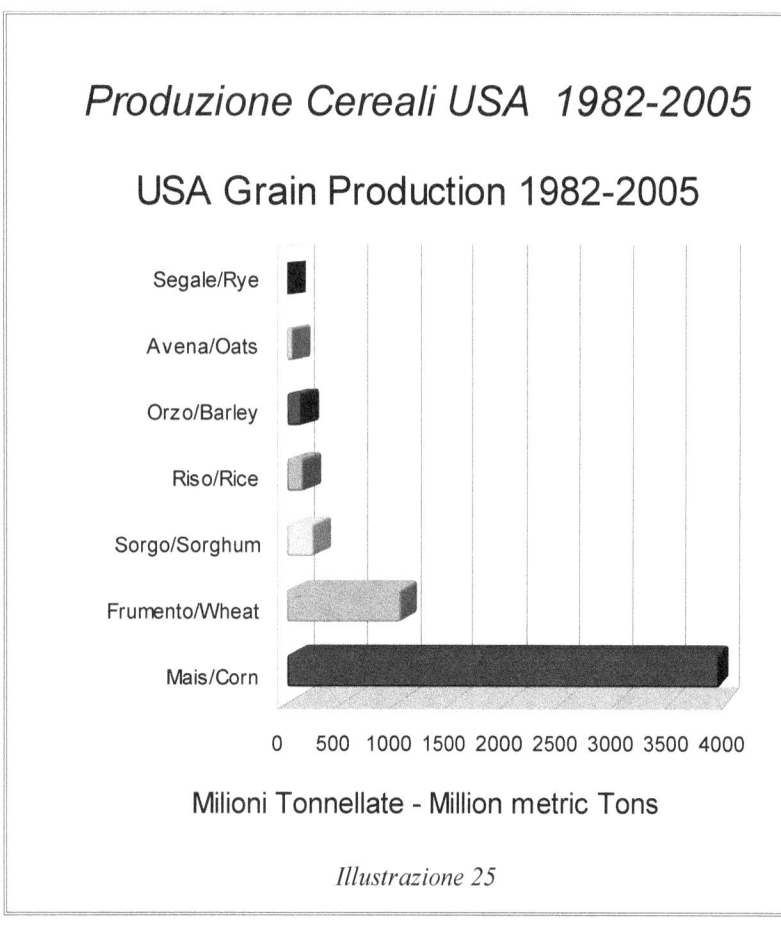

Produzione Cereali USA 1982-2005

USA Grain Production 1982-2005

Milioni Tonnellate - Million metric Tons

Illustrazione 25

I settori su cui i regolamenti hanno prodotto vistosi e benefici effetti di diminuzione di incidenza delle esplosioni per milione di tonnellate sono stati il sorgo, il frumento, il mais, il riso, con triplicazione e raddoppio della quantità di ritorno. In particolare il mais ed il frumento sono i cereali maggiormente prodotti, costituendo oltre l'85% dei raccolti.

XI ULTERIORI RIPARTIZIONI DELLE ESPLOSIONI

XI.1 GENERALITÀ

Nel 1982 i dati pubblicati dalla KSU sono stati arricchiti con ulteriori informazioni. Da tale anno sono risultate disponibili le esplosioni classificate in base al tipo di attività svolta al momento dello scoppio.

XI.2 RIPARTIZIONE IN BASE AL TIPO DI ATTIVITÀ

Questa classificazione ha permesso di procedere alla determinazione dell'incidenza delle esplosioni in base al tipo di attività al momento dello scoppio.
In particolare l'incidenza di esplosione per tipo di attività dopo l'introduzione delle norme, quindi dal 1989, è risultata:

	Stoccaggi	Molitoria Mangimi	Molitoria Farina	Molitoria Mais Secco	Molitoria Mais Umido	Molitoria Riso	Molitoria Avena	Altro	Totale
%	**55,00%**	**18,89%**	**5,56%**	**2,22%**	**5,00%**	**2,78%**	**0,00%**	**10,56%**	**100,00%**
	Grain Elevator	Feed Mill	Flour Mill	Corn Mill Dry	Corn Mill Wet	Rice Mill	Oat Mill	Other	Total

Ripartizione percentuale delle esplosioni per tipo di attività, 1989-2005, normato.

% Explosion by facility, 1989-2005, OSHA Standards

Tabella 48: Vedi Tabella 85

I valori sopra riportati non sono specifici per tipo di prodotto al momento della esplosione.
Con ciò si intende porre in evidenza che anche se la metà delle esplosioni avviene negli stoccaggi non è detto che tale percentuale di attribuzione valga egualmente per il frumento e per il mais, analogamente a quanto appena visto per le incidenze di esplosione dei vari cereali.
Servirebbe la disaggregazione del dato per tipo di prodotto al momento dell'esplosione per gli stoccaggi per poter determinare, all'interno delle esplosioni degli stoccaggi, quale sia l'incidenza ad esempio del frumento e del mais, etc. Tale conoscenza consentirebbe di determinare l'incidenza di esplosione di ogni prodotto per tipo di attività e quindi porterebbe alla determinazione dell'incidenza delle esplosioni per cereale e per tipo di lavorazione.

Non essendo possibile procedere secondo teoria si realizza un approccio ingegneristico, caratterizzato dalla ricerca della migliore soluzione ragionevole in funzione di ciò che si dispone, ovvero produrre risultati nel miglior modo razionale possibile. Come si nota dall'illustrazione 26, il 71% della produzione è costituito dal mais ed il 19% dal frumento, ed essendo le esplosioni legate alle polveri associate ai prodotti sembra lecito supporre che la ripartizione delle esplosioni ottenuta per gli stoccaggi possa essere vicina al vero almeno per questi due prodotti.

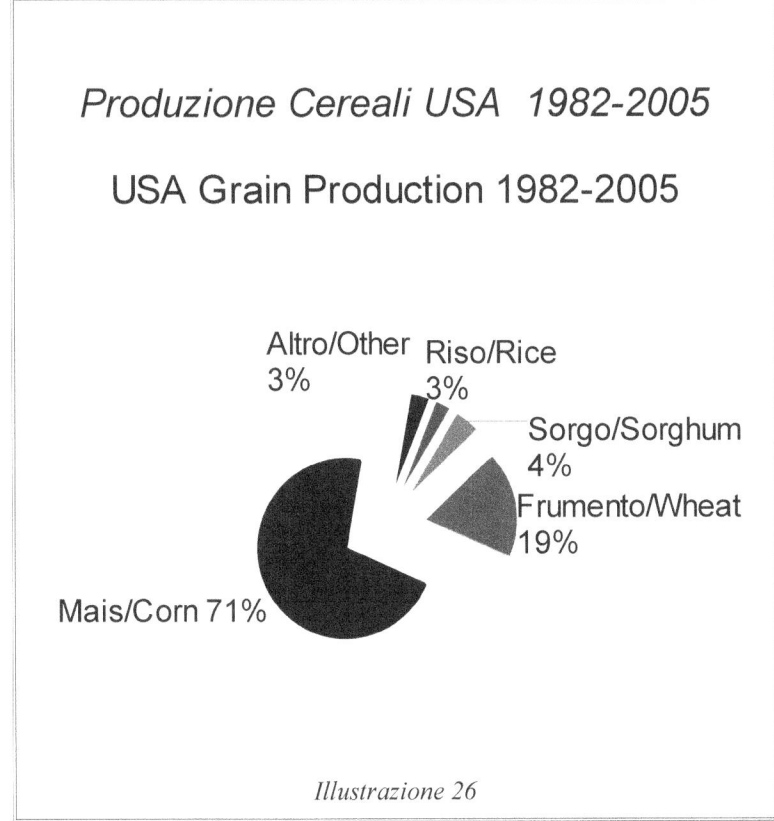

Illustrazione 26

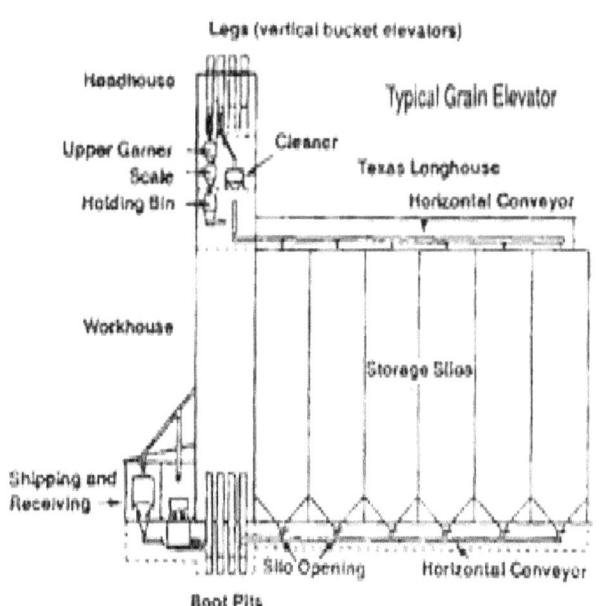

Illustrazione 27: OSHA, Typical Grain Elevator

Negli USA con grain elevator si intende (Tipical grain elevator) l'insieme composto dalle strutture di movimentazione verticali, in genere elevatori (Elevator Legs), dalle strutture di movimentazione orizzontale (Conveyor), dai silos. Noi chiamiamo quest'insieme stoccaggio.

Il fatto che circa il 50% delle esplosioni registrate negli USA avvenga negli stoccaggi è giustificato dal fatto che in tali strutture il prodotto arriva direttamente dal campo, con miste nel prodotto polvere, pietre, metalli ed altre componenti non minute. Gli elevatori (Elevator legs) maggiormente diffusi sono normalmente del tipo verticale a tazze (Vertical bucket elevator) ed hanno portate di diverse tonnellate all'ora. I silos vengono caricati dall'alto e svuotati dal basso, con logica di magazzino FIFO. (Il primo ad entrare è il primo ad uscire). Dopo il primo stoccaggio il prodotto ha normalmente perso parte della polvere, i metalli e le pietre di una certa dimensione.

Normalmente il prodotto passa più volte nell'elevatore: quando entra, quando esce, quando viene movimentato all'interno della struttura, ad esempio travasato da un silo ad un altro o movimentato per la conservazione del prodotto: di fatto ogni movimento di cereale è associato all'uso di un elevatore. Dal punto di vista del rischio significa che tale macchina ha un'esposizione almeno doppia rispetto a qualunque altra componente d'impianto. Il primo passaggio del prodotto nell'elevatore è senz'altro quello più a rischio per la presenza di elementi quali pietre e metalli di dimensioni e consistenza in grado dare problemi al funzionamento.

Ciò è confermato dal fatto che nelle analisi effettuate dall'accademia delle scienze Usa nel 1983 l'elevatore è indicato come la macchina in cui avviene con maggior frequenza l'esplosione primaria o l'evento che la genera.

Tale fatto ha comportato una serie di attenzioni per tale macchina: controlli di movimento, di allineamento etc. L'avvento dell'elettronica nei controlli, con l'abbandono dell'elettromeccanica, ha costituito un progresso notevole dal punto di vista della sicurezza operativa. La caratteristica meglio ricordata da chi ha operato con i controlli elettromeccanici è la quantità di falsi allarmi e falsi blocchi generati, fatto che spesso ne determina, alla fine, l'esclusione operativa mediante i più disparati ed a volte fantasiosi metodi.

Tutto ciò ricorda le strade con la proliferazione di cartelli segnalatori e di avviso: se dichiarano il falso, alla fine vengono in buona parte ignorati da chi percorre la strada abitualmente...

L'elettronica attualmente è molto più precisa, o, se si preferisce, meno stupida: i suoi allarmi vengono normalmente tenuti in considerazione.

La percentuale di esplosioni negli stoccaggi, in seguito alle regolamentazioni introdotte, risulta variata dal 69% al 55% circa, ovvero la normativa sembra aver comportato una riduzione del 20% dell'incidenza della componente degli stoccaggi.

Vi sono diverse alternative per distribuire l'attribuzione della incidenza di esplosione degli elevatori sui prodotti.

Quella che proponiamo è di spalmare in maniera uniforme tale incidenza, indipendentemente dal tipo di prodotto trattato, in attesa di reperire dei dati disaggregati per tipo di prodotto al momento dell'esplosione e per tipo di attività: alle x è avvenuta una esplosione nell'elevatore y che lavorava del prodotto z. Tali dati dovrebbero almeno riguardare mais e frumento, dato che essi rappresentano oltre l'85% del prodotto lavorato.

La tabella 49 stima la quantità lavorata media fra due esplosioni negli stoccaggi di cereali e rappresenta un esempio di applicazione pratica di quanto finora esposto.

Incidenza media di esplosione per milione di tonnellate lavorate negli stoccaggi di cereale USA.								
Elemento	*Orzo*	*Mais*	*Avena*	*Riso*	*Segale*	*Sorgo*	*Frumento*	*Item*
Incidenza Esplosione	0,03154	0,02333	0,08469	0,04140	0,00000	0,01669	0,01545	*Explosion rate*
Quantità di Ritorno del cereale	31,7	42,9	11,8	24,2	ND	59,9	64,7	*Grain Quantity of Return*
% Esplosioni attribuibili agli Stoccaggi	55,00%	55,00%	55,00%	55,00%	55,00%	55,00%	55,00%	*% Explosions related to Grain Elevators*
Incidenza di Esplosione negli stoccaggi	**0,017349**	**0,012833**	**0,046581**	**0,022770**	**ND**	**0,009180**	**0,008497**	*Grain Elevators Explosion Rate*
Quantità di Ritorno negli stoccaggi	*57,6*	*77,9*	*21,5*	*43,9*	*0,0*	*108,9*	*117,7*	*Quantity of Return in Grain Elevators*
	Barley	*Corn*	*Oat*	*Rice*	*Rye*	*Sorghum*	*Wheat*	
Mean Explosion Rate for million metric tons handled in USA Grain Elevator								

Tabella 49: Vedi Tabella 45 e Tabella 85

Si sottolinea che quanto fatto implica l'ipotesi della indifferenza da parte dello stoccaggio nei confronti del prodotto in transito. Tale ipotesi, in contrasto con l'approccio generale seguito, rappresenta comunque una soluzione razionale al problema.

Resta da stabilire se quanto ricavato basandosi su dati degli USA possa applicarsi anche in Europa.
La risposta è complessa. Dal confronto fra le raccomandazioni OSHA e le normative ATEX, si rileva che vi sono molti punti in comune. La normativa Europea, più giovane, si occupa delle atmosfere esplosive in generale ed ha una funzione sostanzialmente di indirizzo. Quella americana si occupa, oltre che in generale, specificatamente di esplosioni da polvere di cereali ed oltre ad atti di indirizzo contiene spesso anche specifiche imposizioni.

Sicuramente la normativa americana ha dimostrato di essere stata efficace e compatibile con i costi introdotti per la sua attuazione, grazie anche alla raccolta dati effettuata per monitorare l'andamento.
L'introduzione della normativa Europea non risulta supportata da un'adeguata raccolta dati, per cui è difficile stabilirne sia l'efficacia che l'impatto economico. Questa scarsa attenzione non significa che la normativa Europea non sia valida, semplicemente non si può dire quanto.

XII STIMA DELLA FREQUENZA ATTESA DI ESPLOSIONE DEI CEREALI

XII.1 GENERALITÀ

I valori ottenuti fino ad ora rappresentano delle incidenze, legate alla quantità di prodotto lavorato. Come fatica finale ci rimane da provare a determinare la probabilità di esplosione dei cereali.

L'incidenza delle esplosioni per milione di tonnellate non tiene conto del fatto che ogni anno vi è un nuovo raccolto e che insieme ad esso vengono generate delle nuove polveri. La generazione del materiale base esplosivo avviene cioè con cadenza pari al numero dei raccolti.

L'attesa di esplosione deve quindi tener conto sia della quantità di materiale trattato che del numero di movimentazioni di materiale: un milione di tonnellate può essere prodotto in un raccolto come in cinque raccolti, per cui interessa sapere ogni anno quale sarà l'aspettativa di esplosione.

Statisticamente si intende che ad ogni raccolto corrisponde un'estrazione come quella del lotto, con esposizione del numero di esplosioni. Con i dati a disposizione è risultato possibile ottenere l'aspettativa media di esplosione all'anno. Verranno sviluppati dettagliatamente i calcoli relativi al mais ed al frumento.

XII.2   MAIS

Viene sotto riportato il grafico ottenuto per quanto riguarda il mais. Le medie per il periodo ante norme e per il periodo post norme evidenziano la diminuzione dell'aspettativa di esplosione.

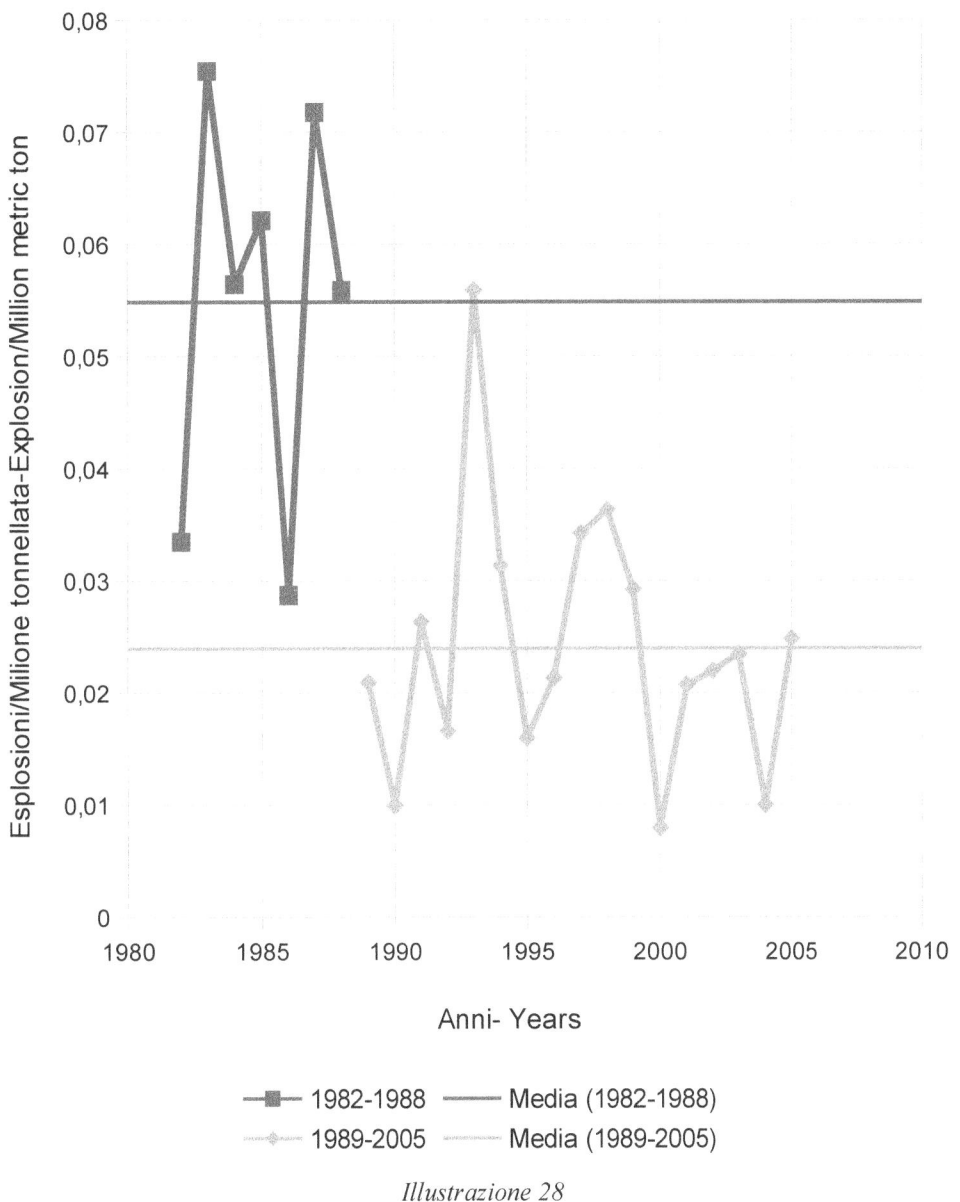

Illustrazione 28

Per calcolare l'incidenza attesa media annua di esplosione per milione di tonnellate è stata computata per ogni anno l'incidenza delle esplosioni per milione di tonnellate e quindi è stata operata la media su tali valori.

Le tabelle seguenti spiegano la genesi dei valori riportati nell'illustrazione 28.

Mais 1982-1988, Attesa media Annua di esplosione in USA			
Anno Year	Produzione Production	Esplosioni Explosions	Incidenza Ratio
1982	209,17	7	0,03347
1983	106,03	8	0,07545
1984	194,87	11	0,05645
1985	225,44	14	0,06210
1986	208,93	6	0,02872
1987	181,14	13	0,07177
1988	125,19	7	0,05592
Totale/Total	**1.251**	**66**	
Media/Mean	**179**	**9,4**	**0,05484**
Mean Expected Explosion Rate in USA, Corn 1982-1988			

Tabella 50

Mais 1989-2005, Attesa media Annua di esplosione in USA			
Anno Year	Produzione Production	Esplosioni Explosions	Incidenza Ratio
1989	191,31	4	0,02091
1990	201,52	2	0,00992
1991	189,86	5	0,02634
1992	240,71	4	0,01662
1993	160,98	9	0,05591
1994	255,28	8	0,03134
1995	187,96	3	0,01596
1996	234,51	5	0,02132
1997	233,85	8	0,03421
1998	247,87	9	0,03631
1999	239,54	7	0,02922
2000	251,84	2	0,00794
2001	241,37	5	0,02072
2002	227,76	5	0,02195
2003	256,27	6	0,02341
2004	299,90	3	0,01000
2005	282,30	7	0,02480
Totale/Total	*3.943*	*92*	
Media/Average	*232*	*5,4*	*0,02393* *2,39E-02*
Mean Expected Explosion Rate in USA, Corn 1989-2005			

Tabella 51

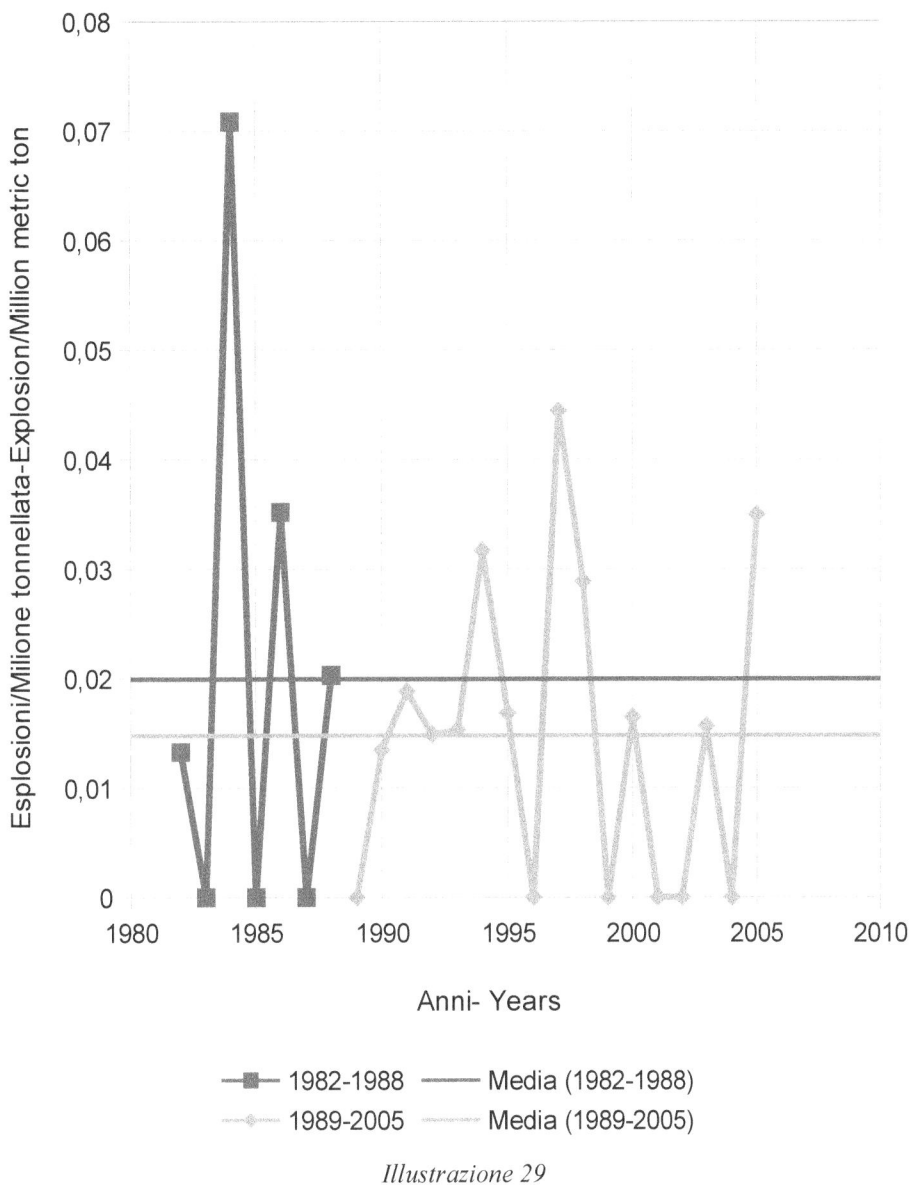

Incidenza Attesa Media di Esplosione del Frumento

Mean Expected Explosion Rate of Wheat

Illustrazione 29

La media annuale dei rapporti annuali fra le esplosioni ed il quantitativo trattato costituisce l'incidenza di esplosione media annuale per milione di tonnellate. Rappresenta quindi anche l'incidenza media attesa di esplosione annuale per milione di tonnellate.

Nei grafici le incidenze medie del periodo non normato e normato sono rappresentato dalle linee orizzontali azzurra e rossa.

Le seguenti tabelle riportano come siano stati ottenuti i valori per il frumento:

Frumento 1982-1988, Attesa media Annua di esplosione in USA			
Anno Year	Produzione Production	Esplosioni Explosions	Incidenza Ratio
1982	75,21	1	0,01330
1983	65,82		0,00000
1984	70,58	5	0,07084
1985	65,94		0,00000
1986	56,86	2	0,03517
1987	57,33		0,00000
1988	49,29	1	0,02029
Totale/Total	441	9	
Media/Mean	63	1,3	0,019943
			1,99E-02
Mean Expected Explosion Rate in USA per year , Wheat 1982-1988			

Tabella 52

Frumento 1989-2005, Attesa media Annua di esplosione in USA			
Anno Year	Produzione Production	Esplosioni Explosions	Incidenza Ratio
1989	55,40		0,00000
1990	74,25	1	0,01347
1991	53,04	1	0,01885
1992	67,10	1	0,01490
1993	65,18	1	0,01534
1994	63,13	2	0,03168
1995	59,37	1	0,01684
1996	61,94		0,00000
1997	67,50	3	0,04444
1998	69,29	2	0,02886
1999	62,44		0,00000
2000	60,61	1	0,01650
2001	52,97		0,00000
2002	43,68		0,00000
2003	63,78	1	0,01568
2004	58,70		0,00000
2005	57,25	2	0,03493
Totale/Total	1.036	16	
Media/Mean	61	0,9	0,0147948
			1,48E-02
Mean Expected Explosion Rate in USA per year, Wheat 1989-2005			

Tabella 53

XII.4 VARIAZIONE INCIDENZA ATTESA ANNUA DI ESPLOSIONE PER I CEREALI

La seguente tabella si preoccupa di evidenziare per i cereali i valori delle incidenze medie di esplosione per anno e le relative variazioni fra i periodi pre e post raccomandazioni. Le variazioni sono risultate significative.

Variazione della incidenza media di esplosione per anno e per milione di tonnellate negli USA								
Periodo	*Orzo*	*Mais*	*Avena*	*Riso*	*Segale*	*Sorgo*	*Frumento*	
1982-88	2,19E-02	5,48E-02	6,61E-02	9,03E-02	0,00E+00	7,58E-02	1,99E-02	*Probabilità Media*
1989-05	2,63E-02	2,39E-02	7,97E-02	4,48E-02	0,00E+00	1,52E-02	1,48E-02	*Mean Probability*
Variazione	*20,14%*	*-56,36%*	*20,56%*	*-50,37%*	*0,00%*	*-80,01%*	*-25,81%*	*Variation*
Tempo di Ritorno 1982-88	*45,72*	*18,24*	*15,12*	*11,08*	*ND*	*13,19*	*50,14*	*Time Of Return 1982-88*
Tempo di Ritorno 1989-05	*38,06*	*41,78*	*12,54*	*22,32*	*ND*	*66,00*	*67,59*	*Time Of Return 1989-05*
	Barley	Corn	Oat	Rice	Rye	Sorghum	Wheat	

Variation of mean explosion rate per year per million metric tons in USA

Tabella 54

XII.5 TEMPO DI RITORNO DI ESPLOSIONE PER I CEREALI

Classifica in base al tempo di ritorno (Anni) per milione di tonnellate (1989-2005)				
Cereale	Tempo di ritorno (Anni) per un milione di tonnellate	Incidenza di Esplosione all'anno per milione di tonnellate		Grain
Avena	12,54	0,0797187	7,97E-02	*Oats*
Riso	22,32	0,0448000	4,48E-02	*Rice*
Orzo	38,06	0,0262765	2,63E-02	*Barley*
Mais	41,78	0,0239340	2,39E-02	*Corn*
Sorgo	66,00	0,0151522	1,52E-02	*Sorghum*
Frumento	67,59	0,0147948	1,48E-02	*Wheat*
Segale	ND	0,0000000	0,00E+00	*Rye*
	Time of Return (Years) for 1 million metric tons	*Mean Explosion rate for 1 million metric tons*		

Sorted by Time of Return (Years) for million metric tons (1989-2005)

Tabella 55

Questa tabella risulta uno degli obbiettivi di questo lavoro e mostra come vi siano differenze significative di comportamento fra i vari cereali.
Come già ricordato quanto raggiunto è stato ricavato da dati USA.

XIII ESPLOSIONI, MORTI E FERITI.

Fra i dati analizzati sono risultati disponibili il numero di morti e feriti per ogni esplosione. Nella tabella successiva sono stati considerati solo gli eventi relativi ai cereali, mentre le tabelle pubblicate da OSHA tengono conto di tutti gli eventi. Verranno quindi utilizzati i dati KSU dal 1980 in avanti in quanto riconducibili ai soli cereali. Negli anni antecedenti il 1980 verranno riportati i dati OSHA per fini conoscitivi , tenendo presente che tali dati non sono stati controllati e che sicuramente contengono eventi non legati ai soli cereali.

Gli eventi eliminati dai dati KSU sono i seguenti:

1980
- 22 Aprile, impianto di lavorazione della soia (Soybean Processing);
- 09 Maggio, impianto di disidratazione alfalfa (Dehydration Plant), 2 feriti.

1982
- 25 Maggio, impianto di lavorazione della soia;
- 16 Novembre, conseguente ad una esplosione di propano, 6 morti, 1 ferito.

1984
- 20 Febbraio, impianto di lavorazione della soia (Soybean Processing), 1 ferito.

1986
- 15 Dicembre, impianto di produzione alcool (Alcohol Plant).

1988
- 19 Marzo, Zuccherificio, 3 feriti.

1992
- 3 Giugno, fabbrica di giocattoli (Toy Manifacturer), 2 feriti.

1993
- 25 Ottobre, fabbrica di dolci (Candy manufacturer) , 9 feriti.

1994
- 21 Aprile, Impianto miscelazione di prodotti da forno, (Bakery mix plant)

1995
- 25 Ottobre, fabbrica di derivati da animali (Animal By-product) .

1996
- 20 Luglio, Zuccherificio (Sugar plant), 1 morto, 15 feriti.

1997
- 16 Maggio, Prodotti da forno(Bakery),1 ferito;
- 18 Maggio, Impianto sgusciatura noci (Walnut shelling), 6 feriti
- 10 Ottobre, Lavorazione della soia (Soybean processor).

1998
- 17 Maggio, Impasti congelati (Frozen dought), 2 feriti;
- 7 Luglio, Fabbrica di aeroplani (Aircraft plant), 1 ferito;
- 28 Agosto, Zuccherificio (Sugar plant), 1 ferito.

2000
- 22 Marzo, Zuccherificio (Sugar plant), 1 ferito.

2001
- 21 Settembre, Lavorazione del latte (Milk processor), 2 feriti

L'analisi dei valori medi, riportati nella tabella 56 fornisce un'idea del miglioramento ottenuto in pochi anni.

Numero di esplosioni morti e feriti relativi ai cereali, 1980-2005, dati KSU							
Anno	Numero di Esplosioni	Numero di Morti	Numero di feriti	Anno	Numero di Esplosioni	Numero di Morti	Numero di feriti
1980	42	10	45	1989	13	2	7
1981	21	13	62	1990	15	0	7
1982	12	6	34	1991	12	1	4
1983	13	0	14	1992	5	1	6
1984	19	9	28	1993	12	2	11
1985	22	4	20	1994	14	1	14
1986	20	2	14	1995	13	1	12
1987	14	0	16	1996	12	0	4
1988	12	8	10	1997	13	1	7
				1998	15	7	20
				1999	7	0	19
				2000	7	1	11
				2001	8	1	5
				2002	8	1	7
				2003	7	2	8
				2004	6	0	4
				2005	13	2	11
Parziale	175	52	243	Parziale	180	23	157
				Totale (1983-2005)	**355**	**75**	**400**
Year	# of Explosions	# of Fatalities	# of Injuries	Year	# of Explosions	# of Fatalities	# of Injuries
					Valore Medio	Valore Medio	Valore Medio
Periodo Pre-Raccomandazione (1980-1988), 9 Anni					19,44	5,78	27
I Periodo sotto Raccomandazione (1989-1998), 10 Anni					12,40	1,60	9,20
II Periodo sotto Raccomandazione (1999-2005), 7 Anni					8,00	1,00	9,29
					Average	Average	Average
Grain related explosions, fatalities, injuries 1980-2005, KSU data							

Tabella 56:KSU

Il totale del numero di morti e feriti per esplosione in 34 anni, analizzato per periodi, risulta:

	Riepilogo esplosioni, morti e feriti per periodo					
	Periodo	Standards	Esplosioni	Morti	Feriti	Numero di Anni
1	1972-1988(OSHA)	No	323	180	586	17
2	1983-1988 (KSU)	No	101	23	104	6
3						
4	1989-1998 (KSU)	Si	124	16	92	10
5	1999-2005 (KSU)	Si	56	7	65	7
6	Totali (4+5)		180	23	157	17
7	Totali (1+4+5)		503	203	743	34
	Years	**Standards**	**Explosions**	**Fatalities**	**Injuries**	**# Years**
	Summary explosions, fatalities and injuries					

Tabella 57

Non sono risultati disponibili il numero di vittime né per tipo di attività né per tipo di prodotto trattato al momento dell'esplosione. Si propone, in mancanza di ulteriori informazioni, di adottare una semplice ripartizione proporzionale, utilizzando quanto a disposizione.

Il rapporto fra il numero di morti e feriti ed il numero degli incidenti risulta il seguente:

Rapporti fra esplosioni, morti e feriti						
Periodo	Esplosioni	Morti	Feriti	Morti/Esplosione	Feriti/Esplosione	Normato
1972-1982 (OSHA)	211	157	465	0,74	2,2	No
1983-1988 (KSU)	101	23	104	0,23	1,03	No
1972-1988	*312*	*180*	*569*	*0,58*	*1,82*	No
1989-1998 (KSU)	124	16	92	0,13	0,74	Si
1999-2005(KSU)	56	7	65	0,13	1,16	Si
1989-2005	*180*	*23*	*200*	*0,13*	*1,11*	Si
	Explosions	*Fatalities*	*Injuries*	*Fatalities/Explosion*	*Injuries/Explosion*	*Standards*
Explosions, Fatalities and Injuries rates						

Tabella 58

La variazione fra periodo non normato e quello successivo all'introduzione degli standard risulta:

Esplosioni, morti e feriti: variazioni fra periodo normato e non normato						
Periodo	Esplosioni	Morti	Feriti	Morti/Esplosione	Feriti/Esplosione	Normato
1972-1988	*312*	*180*	*569*	*0,5769*	*1,8237*	No
1989-2005	*180*	*23*	*200*	*0,1278*	*1,1111*	Si
	-132	*-157*	*-369*			
Variazione	-42,31%	-87,22%	-64,85%	-77,85%	-39,07%	
	Explosions	*Fatalities*	*Injuries*	*Fatalities/Explosion*	*Injuries/Explosion*	*Standards*
Explosions, fatalities and injuries variation						

Tabella 59

Il valore dei morti per incidente è un valore interessante di larga applicazione. Si possono rapportare i valori anche alle tonnellate di prodotto maneggiato, al solo fine di valutare l'efficacia delle norme, ripulendo i valori dalle variazioni indotte dalle vicissitudini della produzione.

Incidenze di esplosione, morti e feriti per milione di tonnellate di cereali					
Anni	P Produzione Cereali	Esplosioni/P		Morti/P	Feriti/P
1972-1988	4.625	0,067454	6,75E-02	0,038916	0,123016
1989-2005	5.541	0,032484	3,25E-02	0,004151	0,036093
Variazione Variation	**19,80%**	**-51,84%**		**-89,33%**	**-70,66%**
Years	*P Grain Production*	*Explosions/P*		*Fatalities/P*	*Injuries/P*
Explosion, Death and Injuries rates for million metric tons					

Tabella 60: incidenze per milione di tonnellate delle esplosioni, morti e feriti

Si osserva che a fronte di un aumento del prodotto lavorato del 20% si è avuto un decremento sostanziale dell'incidenza delle esplosioni rispetto al prodotto trattato ed ancora maggiore dell'incidenza dei morti e dei feriti. Questo dimostra ulteriormente l'efficacia delle normative introdotte negli USA.

Si riporta la tabella originale pubblicata da OSHA abbracciante il periodo 1958-1998

Tabella originale pubblicata da OSHA/ OSHA original table							
Anno Year	Esplosioni Explosions	Morti Fatalities	Feriti Injuries	Anno Year	Esplosioni Explosions	Morti Fatalities	Feriti Injuries
1958	10	2	27	1979	19	2	18
1959	10	3	18	1980	44	10	47
1960	12	4	18	1981	21	13	62
1961	10	0	17	1982	14	11	34
1962	9	3	51	1983	13	0	14
1963	14	3	30	1984	21	9	30
1964	8	3	22	1985	22	4	20
1965	9	2	5	1986	21	2	14
1966	14	2	22	1987	16	0	18
1967	17	1	14	1988	12	8	10
1968	16	12	38	1989	13	2	7
1969	6	4	13	1990	15	0	7
1970	10	1	14	1991	12	1	4
1971	10	4	14	1992	6	1	8
1972	8	7	23	1993	13	2	20
1973	8	2	10	1994	15	1	14
1974	15	13	37	1995	14	1	12
1975	9	4	19	1996	13	1	19
1976	22	22	82	1997	16	1	14
1977	31	65	87	1998	18	7	24
1978	20	8	46	Total (58-98)	616	243	1018
Media/ Average for Pre-Regulatory Years (1958-1987)					15.7	7.3	29.1
Media/Average for Post-Regulatory Years (1988-1998)					13.2	2.3	13.2

Tabella 61: OSHA

L'introduzione e l'applicazione degli standards OSHA è stata sicuramente efficace, soprattutto riguardo alle perdite di vite umane ed ai ferimenti, con riduzioni robuste ed a due cifre percentuali. La perdita di vita umana è peraltro negli USA associata all'entità del danno.

Secondo EPA (Environmental Protection Agency) agenzia governativa americana, *www.epa.gov*, attualmente, il valore statistico di una vita umana risulta mediamente circa 7 milioni di $, in dollari del 2006. Tale valore è valido per i soli fini del calcolo del rischio.

Essendo il rischio espresso da Probabilità x Danno, si è ottenuto sicuramente un abbattimento notevole del rischio, essendo variate sostanzialmente sia la probabilità di accadimento delle esplosioni che i danni conseguenti.

XIV COME UTILIZZARE I VALORI TROVATI

Si propongono alcuni esempi su scenari reali, i cui risultati aiuteranno a valutare cosa si possa fare con quanto trovato.

XIV.1 PRIMO SCENARIO

Uno stoccaggio di frumento di capacità 60.000 mc ruota completamente i prodotti contenuti 1 volta al mese. Detto stoccaggio è caratterizzato da una banchina a mare per il carico dalle navi e da una fossa di ricezione per i camion. L'impianto è caratterizzato da un elevatore principale da 300 t/h e cinque secondari da 180 t/h per lo scarico e la movimentazione interna.

In un anno quindi entrano ed escono dallo stoccaggio circa 60.000 x 12= 720.000 mc di prodotto, ovvero circa 500.000 tonnellate di frumento o 0,50 Milioni di tonnellate.

Il tempo di lavoro operativo dello stoccaggio è stimato in circa 2.000 ore all'anno (250 giorni x 8 ore) cui corrisponde in prima approssimazione una movimentazione media di circa 250 tonnellate/ora in entrata, compatibile con l'elevatore principale da 300 t/h in ingresso. L'elevatore risulta sfruttato in media al 83% della sua potenzialità.

Conoscere le quantità lavorate ci consente di passare dalle incidenze alle frequenze.

Quantità di ritorno di una esplosione

Da quanto esposto precedentemente si sa che nel frumento l'incidenza media delle esplosioni per milione di tonnellate lavorate risulta pari a 0.01545 (Tabella 46). Di tali esplosioni si è visto che il 55% accade negli stoccaggi (Tabella 48) . L'incidenza delle esplosioni per milione di tonnellate in uno stoccaggio di frumento è quindi pari a 0,01545 x 0,55 = 0,0084975. Ciò significa che ci si attende un incidente ogni 117,68 milioni di tonnellate, corrispondente quindi alla quantità di ritorno. Per lavorare una tale quantità lo stabilimento, nulla mutando, impiegherà circa 117.68/0.5 =235 anni.

Tempo di ritorno di una esplosione

L'incidenza media annua di esplosione per milione di tonnellate è caratterizzata per il frumento mediamente dal valore 0,014795 (Tabella 55), corrispondente ad un tempo di ritorno di 67.6 anni per milione di tonnellate lavorate.   Si ha quindi che l'aspettativa media generale di esplosione nell'anno in esame, non differenziata quindi per tipo di attività svolta, risulta espressa da:

$0,50 \times 0,014795 = 0,0073975 = 7.3975 \cdot 10^{-3}$ corrispondente ad un tempo di ritorno di 135 anni.

L'attività in esame è uno stoccaggio. La quota delle esplosioni avvenute negli stoccaggi rispetto a tutte le esplosioni è risultata pari a 0,55 (Tabella 48).

Si ha quindi che nell'attività di stoccaggio di frumento in esame la frequenza attesa di esplosione per anno risulta pari a: $0.50 \times 0.014795 \times 0,55 = 0,00406858$ ovvero $4,069 \times 10^{-3}$.

Milioni tonnellate anno	Incidenza esplosione	Probabilità esplosione	Quota esplosione stoccaggi	Attesa esplosione nello stoccaggio in esame	
0,5	0,01479483	0,00740	0,5500	0,00406858	4,07E-03
Million tons	*Explosion rate*	*Explosion likelihood*	*% in grain elevator*	*Explosion likelihood in this grain storage*	

Tabella 62

Il tempo di ritorno di una esplosione nello stoccaggio in esame risulta quindi mediamente pari a circa 246 anni.

Elemento	Anno	Ora operativa
Tempo ritorno di una esplosione	245,79	491.572
Frequenza attesa di una esplosione	4,07E-03	2,03E-06
Item	Year	Operative hour

Tabella 63

Vediamo l'aspettativa di avere almeno una vittima nell'attività conseguente ad una esplosione. Si è visto che l'incidenza media di vittime per esplosione è circa 0,13 (Tabella 59).

Con considerazioni analoghe a prima si può ritenere che l'attesa di un decesso conseguente ad una esplosione sia espressa da:

Attesa di esplosione del prodotto tipica dell'attività per incidenza di decessi per esplosione:
0.50 x 0.014795 x 0,55 x 0,127778= 0,000519874 ovvero 5,20 x 10-4

Megatonn./ anno	Incidenza esplosione	Probabilità esplosione	Quota esplosione stoccaggi	Decessi per Esplosione	Attesa di un Decesso nello stoccaggio in esame		
0,5	0,014795	0,00740	0,5500	0,127778	0,0005199	5,20E-04	1.923,54
Million tons	**Explosion rate**	**Explosion likelihood**	**% explosions in grain elevator**	**Fatalities per explosion rate**	**Fatalities likelihood in this grain elevator**		

Tabella 64

Il numero trovato corrisponde ad un intervallo di accadimento di un decesso pari a circa 1924 anni. In ore di funzionamento l'intervallo fra due sinistri vale 1.923,54 x 2.000 = 3.847.000 ore. La probabilità corrispondente per ora di funzionamento risulta 2.59937 x 10^{-7}.
Vediamo l'aspettativa di avere un ferito nell'attività conseguente ad una esplosione. Si è visto che l'incidenza di feriti per esplosione è circa 1,11 (Tabella 59), per cui la probabilità risulta:
0.50 x 0.014795 x 0,55 x 1,11111= 0,00452064 ovvero 4,52 x 10^{-3} corrispondenti ad un tempo di ritorno di 221 anni.

Megatonn./ anno	Incidenza esplosione	Probabilità esplosione	Quota esplosione stoccaggi	Feriti per Esplosione	Attesa di un Ferito nello stoccaggio in esame		
0,5	0,014795	0,00740	0,5500	1,111111	0,0045206	4,52E-03	221,21
Million tons	**Explosion rate**	**Explosion likelihood**	**% explosions in grain elevator**	**Injuries per explosion rate**	**Injuries likelihood in this grain elevator**		

Tabella 65

In ore di funzionamento dell'impianto tale valore è espresso da 221.2075 x 2.000=442.415 ore. La probabilità corrispondente risulta pari a 2,26032 x 10^{-6}

Elemento	Anno	Ora operativa
Tempo ritorno di una esplosione	245,79	491.572
Frequenza attesa di una esplosione	4,07E-03	2,03E-06
Tempo ritorno di un decesso	1.923,54	3.847.087
Frequenza attesa di un decesso	5,20E-04	2,60E-07
Tempo ritorno di un ferito	221,21	442.415
Frequenza attesa di un ferito	4,52E-03	2,26E-06
Item	*Year*	*Operative Hour*

Tabella 66

Da quanto esposto si ricava che uno stoccaggio di cereali che maneggi 500.000 tonnellate di frumento l'anno:

Ha una attesa di accadimento di una esplosione nell'ordine di 2.03 x 10^{-6} per ora operativa.

Ha una aspettativa di conseguenze letali per via di una esplosione sulle persone presenti nell'ordine di 2.60 x 10^{-7} per ora operativa.

Ha una aspettativa di conseguenze non letali per via di una esplosione sulle persone presenti nell'ordine di 2.26 x 10^{-6} per ora operativa.

L'ultimo numero rappresenta la *probabilità che sia raggiunto il livello potenziale di accadimento e che si verifichino conseguenze sulle persone presenti.*

XIV.2 SECONDO SCENARIO

Illustrazione 30 DeBruce Grain Storage

Uno stoccaggio movimenta 1.000.000 di bushels in 24 ore, circa 25.000 tonnellate/giorno o 9.000.000 di tonnellate/anno.

Le ore di funzionamento dell'impianto si suppongono essere pari a 3.000 ore all'anno, per via del carico di lavoro durante il periodo di conferimento.

Questi dati sono compatibili con uno stoccaggio quale quello della DeBruce a Wichita. Di questi 6 milioni sono supposti di Mais e 3 milioni sono di frumento.

La probabilità di esplosione annua per milione di tonnellate è caratterizzata per il frumento mediamente dal valore 0,0147952. La probabilità di esplosione annua per milione di tonnellate è caratterizzata per il Mais mediamente dal valore 0,023934. La probabilità di esplosione per via dei prodotti maneggiati è rappresentata in questo caso da:

$$3 \times 0,0147952 + 6 \times 0,023934 = 0,18799$$

Ciò significa che da un cocktail di cereali del tipo in esame ci si attende un intervallo fra due esplosioni pari a circa 5,3 anni. Considerando il fatto che l'attività è uno stoccaggio gli si può attribuire, in mancanza di determinazioni migliori, la quota relativa di esplosione, tipica dell'attività, pari a 0,55.

Si ha quindi che nell'attività di stoccaggio in oggetto la probabilità di esplosione risulta pari a:$0,1879656 \times 0,55 = 0,103394$ ovvero $1,03 \times 10^{-1}$.

In base ai valori trovati ci si attende un intervallo medio di tempo fra due esplosioni pari a 9,7 anni.

	Milioni di tonnellate anno lavorate	Incidenza esplosione per milione di tonnellate	Probabilità esplosione	Quota esplosione stoccaggi	Attesa esplosione nello stoccaggio in esame	
Frumento/ Wheat	3,0	0,014795	0,04438	0,5500	0,0244115	2,44E-02
Mais/ Corn	6,0	0,023934	0,14360	0,5500	0,0789821	7,90E-02
Totali	9,0		0,18799		0,103394	1,03E-01
	Million tons handled per year	**Explosion per million tons rate**	**Explosion likelihood**	**% explosions in grain elevator**	**Explosion likelihood in this grain elevator**	

Tabella 67:

Vediamo l'aspettativa di avere una vittima nell'attività conseguente ad una esplosione. Grazie alla tabella 59 sappiamo che l'incidenza di vittime per esplosione è circa 0,13 e che l'incidenza dei feriti per esplosione è pari a circa 1,11.

Con considerazioni analoghe a prima si può ritenere che sia espressa da:

Probabilità per anno di una esplosione = 0,103 o 1 esplosione ogni 9.7 anni.
Probabilità per anno di avere un decesso = 0,013 o 1 evento ogni 74.5 anni.
Probabilità per anno di avere un ferito = 0,114 o 1 ogni 8.7 anni.

La probabilità adoperata è, per nascita, legata ai milioni di tonnellate di prodotto maneggiato. Tanto maggiore è il prodotto maneggiato, tanto maggiore è la probabilità. La proporzionalità lineare è stata adottata in mancanza di informazioni migliori.

XV PROBABILITA DI ACCADIMENTO E STANDARD INTERNAZIONALI

Sono stati trovati i valori numerici medi di probabilità di accadimento di esplosione nei cereali per milione di tonnellate all'anno. Rimane da esprimere un giudizio sui valori trovati. Per poter ottenere un risultato obbiettivo è necessario confrontare i valori trovati con una scala di valori qualitativa che ci aiuti a comprendere quanto ottenuto: la frequenza di accadimento di 10^{-4} per anno, ad esempio, come va interpretata? E' un evento frequente o raro ?

Va tenuto ben presente che una cosa è la frequenza di accadimento ed una cosa è il rischio associato all'accadimento dell'evento: la frequenza di accadimento di un evento ha una sua scala indipendente di giudizio, non dipendente dai danni associati al suo presentarsi: un evento raro può generare danni limitati o imponenti ed il rischio conseguente associato all'evento può essere definito come accettabile o non accettabile. Con questo si vuole evidenziare che le conclusioni sono in genere definite sui rischi e non sulle frequenze: se un rischio conseguente ad un accadimento frequente è giudicato non accettabile le strade che ho a disposizione per ridurre il rischio comprendono azioni che riducano la frequenza di accadimento o l'entità dei danni od entrambi: Le scale di frequenza qualitative sono basate su termini come raro, molto raro etc e non su accettabile, non accettabile etc.

Le scale di frequenza, essendo basate sul numero di accadimenti nel tempo, possono essere non confrontabili direttamente per via dell'unità di tempo di riferimento diversa.

Se prendo come riferimento dei valori di eventi tragici trovo in letteratura esempi di valori di 10^{-5} per anno.

Ad esempio i valori di frequenza annuale relativi all'evento di massimo danno del nucleo di una centrale nucleare (maximum core damage frequency) costruita in larga scala negli anni 70-90, del tipo ad acqua calda, Boiling Water Reactor o BWR, dichiarati dalla General Electric ed altri fabbricanti sono:

Frequenza massima del danno del nucleo per anno e per impianto				
Impianto tipo	Frequenza per anno e per impianto	Anni di ritorno	Generazione	Produttore
BWR/4	1,00E-005	100.000	II	General Electric/USA
BWR/6	1,00E-006	1.000.000	II	General Electric/USA
ABWR	2,00E-007	5.000.000	III	General Electric/USA
ESBWR	3,00E-008	33.333.333	III+	General Electric/USA
AP1000	5,09E-007	1.964.637	III+	Westinghouse/USA
EPR	4,00E-007	2.500.000	III+	Areva/EU
Power plant	*Frequencies per year and per power plant*	*Year of return*	*Generation*	*Vendor*
Maximum core damage frequency per year per plant				

Tabella 68

I reattori BWR sono stati montati in Italia nelle centrali di Latina (1963-1987), Garigliano (1964-1978), Trino Vercellese (1965-1990), Caorso (1981-1987).

Si possono confrontare le frequenze trovate per gli impianti di lavorazione dei cereali con quelle ricavate per gli impianti nucleari ?

E' necessario trovare una scala di valori qualitativa accettata e riconosciuta per poter stabilire se i valori quantitativi delle frequenze trovate per gli stoccaggi di cereali siano frequenti o rari.

Per collocare tali valori si è fatto riferimento alle procedure di valutazione dei rischi adottate dalla FAA, Federal Aviation Administration, un ente governativo americano il cui scopo è di ottenere il più sicuro ed efficiente sistema aerospaziale nel mondo.

Nel sito *www.faa.gov* è disponibile un intero manuale, molto ben fatto, dedicato alla valutazione e gestione dei rischi. Il manuale, dovendo gli aerei circolare nel mondo, si occupa di trovare, spiegare e armonizzare i punti comuni nelle varie normative. In particolare nel manuale si fa riferimento alle definizioni FARs, Federal Aviation Regulations, norme federali USA e JARs, Joint Aviation regulations, norme dei paesi Europei. Varie definizioni della probabilità di accadimento secondo la FAA, in termini sia descrittivi che numerici, sono riportati nella tabella 3-3. del manuale e sono riferite ad ore operative (Operational hour).

FAA System Safety Handbook, Chapter 3: Principles of System Safety FAA ;Manuale dei sistemi sicurezza, Capitolo 3: Principi dei sistemi di sicurezza		
December 30, 2000		
Table 3-3: Likelihood of Occurrence Definitions Definizioni della probabilità di accadimento		
Evento	Qualitative/ Descrittivo	Quantitative/Numerico
Probable Probabile	Anticipated to occur one or more times during the entire system/operational life of an item. *Previsto che succeda ad un oggetto una o più volte durante l'intera vita di sistema/operativa di un oggetto.*	Probability of occurrence per operational hour is greater that 1×10^{-5} *Probabilità di accadimento per ora di funzionamento maggiore di 1 x 10-5* *1 evento entro 100 000 ore di funzionamento*
Remote Improbabile	Unlikely to occur to each item during its total life. May occur several time in the life of an entire system or fleet. *Difficile che accada ad ogni oggetto durante la sua vita totale. Può verificarsi più volte nella vita di un intero sistema o flotta.*	Probability of occurrence per operational hour is less than 1×10^{-5}, but greater than 1×10^{-7} *Probabilità di accadimento per ora di funzionamento minore di 1 x 10-5 ma maggiore di 1 x 10-7* *1 evento fra 100 000 e 10 milioni di ore di funzionamento.*
Extremely Remote Molto improbabile	Not anticipated to occur to each item during its total life. May occur a few times in the life of an entire system or fleet. *Non previsto il verificarsi per ogni elemento nel corso della sua vita totale. Può verificarsi qualche volta nella vita di un intero sistema o flotta.*	Probability of occurrence per operational hour is less than 1×10^{-7} but greater than 1×10^{-9} *Probabilità di accadimento per ora di funzionamento è minore di 1 x 10-7 ma maggiore di 1 x 10-9* *1 evento fra 10 milioni e 1 miliardo di ore di funzionamento.*
Extremely Improbable Estremamente improbabile	So unlikely that it is not anticipated to occur during the entire operational life of an entire system or fleet. *Talmente remoto che non è previsto il verificarsi durante il corso della vita operativa di un intero sistema o flotta.*	Probability of occurrence per operational hour is less than 1×10^{-9} *Probabilità di accadimento per ora di funzionamento è minore di 1 x 10-9* *1 evento oltre 1 miliardo di ore di funzionamento.*

Tabella 69

Table 3-6 Most Severe Consequence Used for Classification

Probability (Quantitative)		1.0	10^{-3}	10^{-5}	10^{-7}	10^{-9}	
Probability (Descriptive)	FAR	Probable		Improbable			Extremely Improbable
	JAR	Frequent	Reasonably Probable	Remote	Extremely Remote		Extremely Improbable
Failure condition severity classification	FAR	Minor		Major			Catastrophic
	JAR	Minor		Major	Hazardous		Catastrophic
Effect on aircraft occupants	FAR	• Does not significantly reduce airplane safety (Slight decrease in safety margins) • Crew actions well within capabilities (Slight increase in crew workload) • Some inconvenience to occupants		• Reduce capability of airplane or crew to cope with adverse operating conditions • Significant reduction in safety margins • Significant increase in crew workload *Severe Cases:* • Large reduction in safety margins • Higher workload or physical distress on crew - can't be relied upon to perform tasks accurately • Adverse effects on occupants			• Conditions which prevent continued safe flight and landing
	JAR	• Nuisance	• Operating limitations • Emergency procedures	• Significant reduction in safety margins • Difficulty for crew to cope with adverse conditions • Passenger injuries	• Large reduction in safety margins • Crew extended because of workload or environmental conditions • Serious or fatal injury to small number of occupants		• Multiple deaths, usually with loss of aircraft

Illustrazione 31

Vi sono varie tabelle di conversione dei giudizi qualitativi in uso nei vari paesi. Viene riportata quella pubblicata dalla FAA nel proprio manuale. FAR sono le normative federali dell'aviazione americana, JAR sono le normative delle aviazioni europee:

Si nota che le classificazioni qualitative della probabilità di accadimento dei paesi Europei risultano articolate in 5 elementi descrittivi, quelle americane in 3.

Conversione fra probabilità descrittiva e quantitativa			
Probabilità Qualitativa per ora operativa in Europa (JAR)	Probabilità Quantitativa per ora operativa	Ore operative	Probabilità Qualitativa per ora operativa in USA (FAR)
Frequente	Tra 1 e 10-3	Tra 1 e 1.000	Probabile
Ragionevolmente probabile	Tra 10-3 e 10-5	Tra 1.000 e 100.000	
Improbabile	Tra 10-5 e 10-7	Tra 100.000 e 10.000.000	Improbabile
Molto improbabile	Tra 10-7 e 10-9	Tra 10.000.000 e 1.000.000.000	
Estremamente improbabile.	Oltre 10-9	Oltre 1.000.000.000	Estremamente Improbabile
Qualitative and quantitative likelihood conversion table			

Tabella 70

Ora i numeri sopra riportati esprimono delle probabilità di accadimento e vanno riferite ad una medesima unità di misura. Se non si fa questo si potrebbe concludere che la probabilità di fusione del nocciolo di un reattore nucleare BWR/4, pari a 10^{-5} per impianto per anno, sia da classificare come un evento ragionevolmente probabile. È molto improbabile che in un paese avanzato venga montato un qualcosa con conseguenze importanti con probabilità di accadimento ragionevolmente probabile.
Un reattore nucleare è previsto funzionare 24 ore al giorno per 365 giorni, quindi 8.760 ore all'anno.

Se un reattore BWR/4 dichiara una probabilità di 10^{-5} all'anno, un'ora operativa avrà una probabilità di maximum core damage pari a $1/8760 \times 10^{-5}$, ovvero avrà una probabilità di accadimento pari a: $1,14 \times 10^{-9}$ per ora di funzionamento o 876.000.000 ore attese di intervallo fra due eventi.

Tale valore corrisponde nella scala di valori delle probabilità JAR a "Molto improbabile".

Un reattore EPR, III generazione, avrà una probabilità per ora di funzionamento pari a $4/8760 \times 10^{-7}$ $= 4,57 \times 10^{-11}$, estremamente improbabile.

Chiarita l'importanza delle unità di misura è opportuno pensare di esprimere la probabilità media annua di esplosione in probabilità media di esplosione per ora operativa .

Per fare questo occorre rispondere a questa domanda: quanto si lavora negli USA?

Negli USA gli impiegati lavorano circa 1.800 ore all'anno, gli operai fino a 2.300. La tendenza è quella di ridurre le ore lavorate all'anno.

Negli Stati Uniti gli stoccaggi maggiormente diffusi hanno potenzialità comprese fra 25 e 100 camion all'ora. Tale unità di misura corrisponde ad una potenzialità degli elevatori da 20 t/h a 800 t/h o in unità americane da 10.000 Bushels/ora a 40.000 Bushels/ora. *(Inland Grain Elevator, Operating Costs and Capital, Requirements, 1982 Bulletin 644 October 1983, Agricultural Experiment Station Kansas State University, Manhattan reperibile all'indirizzo http://www.oznet.ksu.edu/library/agec2/sb644.pdf)*

Tramite la seguente tabella si stima, in prima approssimazione, la relazione tra le ore operative d'impianto ed il prodotto lavorato annuo in tonnellate.

STIMA DELLE PRODUZIONI ANNUE DI UNO STOCCAGGIO USA						
Tonnellate Lavorate medie per ora	Ore medie operative per giorno	Lavorato al giorno (tonnellate)	Giorni lavorati per anno	Ore operative anno	Lavorato anno (tonnellate)	Lavorato anno Milioni di tonnellate
25	8	200	250	**2000**	50.000	0,05
50	8	400	250	**2000**	100.000	0,10
75	8	600	250	**2000**	150.000	0,15
100	8	800	250	**2000**	200.000	0,20
125	8	1000	250	**2000**	250.000	0,25
150	8	1200	250	**2000**	300.000	0,30
175	8	1400	250	**2000**	350.000	0,35
200	8	1600	250	**2000**	400.000	0,40
225	8	1800	250	**2000**	450.000	0,45
250	8	2000	250	**2000**	500.000	0,50
275	8	2200	250	**2000**	550.000	0,55
300	8	2400	250	**2000**	600.000	0,60
325	8	2600	250	**2000**	650.000	0,65
Average metric tons handled per hour	*Average Operative Hours per day*	*Handled per day metric tons*	*Working days per year*	*Operative Hours per Year*	*Handled per Year metric tons*	*Handled per Year Million metric tons*
USA GRAIN ELEVATOR PRODUCTION per YEAR						

Tabella 71

Si propone l'utilizzo di 2.000 ore operative per anno quale valore delle ore annuali di funzionamento operative di un impianto molitorio. Il valore è cautelativo, in quanto difficilmente si lavora di meno e sicuramente si lavora di più.

XVI STIMA DELLE PROBABILITA DI ACCADIMENTO

XVI.1 ESPLOSIONI ATTESE PER ANNO

Abbiamo ragionato fino ad ora in termini di incidenze di esplosione per milione di tonnellate. Per ricavare le frequenze attese è necessario liberarsi delle quantità. La tabella seguente determina la frequenza attesa in funzione delle tonnellate lavorate ogni anno.

PROBABILITA MEDIA ANNUA DI ESPLOSIONE NELLE LAVORAZIONI DEI CEREALI							
	Orzo Barley	Mais Corn	Avena Oats	Riso Rice	Segale Rye	Sorgo Sorghum	Frumento Wheat
Incidenza media esplosione per 10^6 ton e per anno	0,02628	0,02393	0,07972	0,04480	0,00000	0,01515	0,01479
Anni ritorno per 10^6 ton	38	42	13	22		66	68
	1	1	1	1	1	1	1
Tonnellate lavorate per anno	*Probabilità media di esplosione per anno nell'industria molitoria*						
Milioni / Tonnellate	*Mean explosion likelihood per year in grain handling facilities*						
0,05 — 50.000	1,31E-03	1,20E-03	3,99E-03	2,24E-03		**7,58E-04**	**7,40E-04**
0,10 — 100.000	2,63E-03	2,39E-03	7,97E-03	4,48E-03		1,52E-03	1,48E-03
0,15 — 150.000	3,94E-03	3,59E-03	1,20E-02	6,72E-03		2,27E-03	2,22E-03
0,20 — 200.000	5,26E-03	4,79E-03	1,59E-02	8,96E-03		3,03E-03	2,96E-03
0,25 — 250.000	6,57E-03	5,98E-03	1,99E-02	1,12E-02		3,79E-03	3,70E-03
0,30 — 300.000	7,88E-03	7,18E-03	2,39E-02	1,34E-02		4,55E-03	4,44E-03
0,35 — 350.000	9,20E-03	8,38E-03	2,79E-02	1,57E-02		5,30E-03	5,18E-03
0,40 — 400.000	1,05E-02	9,57E-03	3,19E-02	1,79E-02		6,06E-03	5,92E-03
0,45 — 450.000	1,18E-02	1,08E-02	3,59E-02	2,02E-02		6,82E-03	6,66E-03
0,50 — 500.000	1,31E-02	1,20E-02	3,99E-02	2,24E-02		7,58E-03	7,40E-03
0,75 — 750.000	1,97E-02	1,80E-02	5,98E-02	3,36E-02		1,14E-02	1,11E-02
1,00 — 1.000.000	2,63E-02	2,39E-02	7,97E-02	4,48E-02		1,52E-02	1,48E-02
1,50 — 1.500.000	3,94E-02	3,59E-02	1,20E-01	6,72E-02		2,27E-02	2,22E-02
2,00 — 2.000.000	5,26E-02	4,79E-02	1,59E-01	8,96E-02		3,03E-02	2,96E-02
3,00 — 3.000.000	7,88E-02	7,18E-02	2,39E-01	1,34E-01		4,55E-02	4,44E-02
Million metric tons handled per year	*Orzo Barley*	*Mais Corn*	*Avena Oats*	*Riso Rice*	*Segale Rye*	*Sorgo Sorghum*	*Frumento Wheat*
MEAN EXPLOSION LIKELIHOOD PER YEAR IN GRAIN HANDLING FACILITIES							

Tabella 72

La tabella seguente trasforma le frequenze attese all'anno Fa in anni di ritorno Ar, tramite la relazione Ar=1/Fa.

TEMPO DI RITORNO DI UNA ESPLOSIONE NELL'INDUSTRIA MOLITORIA, ANNI								
Tonnellate lavorate per anno		Orzo	Mais	Avena	Riso	Segale	Sorgo	Frumento
Milioni	Tonnellate							
0,05	50.000	761,1	835,6	250,9	446,4		1319,9	1351,8
0,10	100.000	380,6	417,8	125,4	223,2		660,0	675,9
0,15	150.000	253,7	278,5	83,6	148,8		440,0	450,6
0,20	200.000	190,3	208,9	62,7	111,6		330,0	338,0
0,25	250.000	152,2	167,1	50,2	89,3		264,0	270,4
0,30	300.000	126,9	139,3	41,8	74,4		220,0	225,3
0,35	350.000	108,7	119,4	35,8	63,8		188,6	193,1
0,40	400.000	95,1	104,5	31,4	55,8		165,0	169,0
0,45	450.000	84,6	92,8	27,9	49,6		146,7	150,2
0,50	500.000	76,1	83,6	25,1	44,6		132,0	135,2
0,75	750.000	50,7	55,7	16,7	29,8		88,0	90,1
1,00	1.000.000	38,1	41,8	12,5	22,3		66,0	67,6
1,50	1.500.000	25,4	27,9	8,4	14,9		44,0	45,1
2,00	2.000.000	19,0	20,9	6,3	11,2		33,0	33,8
3,00	3.000.000	12,7	13,9	4,2	7,4		22,0	22,5
Million metric tons handled per year		Barley	Corn	Oats	Rice	Rye	Sorghum	Wheat
Mean explosion Time of return in grain handling facilities , Year								

Tabella 73

La tabella 72 non può essere confrontata con la scala di probabilità di cui alla tabella 70 in quanto i valori della tabella 70 sono definiti riferendosi alle ore operative. Occorre quindi convertire le probabilità da probabilità per anno a probabilità per ora operativa.

Nella tabella seguente le probabilità annue trovate vengono riportate in termini di ore operative, dividendo la probabilità annua trovata per il numero di ore operative di un anno.

PROBABILITA MEDIA ORARIA DI ESPLOSIONE NELLE LAVORAZIONI DEI CEREALI							
	Orzo Barley	Mais Corn	Avena Oats	Riso Rice	Segale Rye	Sorgo Sorghum	Frumento Wheat
Incidenza media esplosione per 10^6 ton e per anno	0,02628	0,02393	0,07972	0,04480	0,00000	0,01515	0,01479
Anni ritorno per 10^6 ton	38	42	13	22	0	66	68
Ore operative anno	2000	2000	2000	2000	2000	2000	2000
Tonnellate lavorate per anno	Probabilità media di esplosione per ora operativa nell'industria molitoria Mean explosion likelihood per operational hour in grain handling facilities						
Milioni / Tonnellate							
0,05 / 50.000	**6,57E-07**	**5,98E-07**	1,99E-06	1,12E-06		**3,79E-07**	**3,70E-07**
0,10 / 100.000	1,31E-06	1,20E-06	3,99E-06	2,24E-06		**7,58E-07**	**7,40E-07**
0,15 / 150.000	1,97E-06	1,80E-06	5,98E-06	3,36E-06		1,14E-06	1,11E-06
0,25 / 250.000	3,28E-06	2,99E-06	9,96E-06	5,60E-06		1,89E-06	1,85E-06
0,30 / 300.000	3,94E-06	3,59E-06	1,20E-05	6,72E-06		2,27E-06	2,22E-06
0,35 / 350.000	4,60E-06	4,19E-06	1,40E-05	7,84E-06		2,65E-06	2,59E-06
0,40 / 400.000	5,26E-06	4,79E-06	1,59E-05	8,96E-06		3,03E-06	2,96E-06
0,45 / 450.000	5,91E-06	5,39E-06	1,79E-05	1,01E-05		3,41E-06	3,33E-06
0,50 / 500.000	6,57E-06	5,98E-06	1,99E-05	1,12E-05		3,79E-06	3,70E-06
0,75 / 750.000	9,85E-06	8,98E-06	2,99E-05	1,68E-05		5,68E-06	5,55E-06
1,00 / 1.000.000	1,31E-05	1,20E-05	3,99E-05	2,24E-05		7,58E-06	7,40E-06
1,50 / 1.500.000	1,97E-05	1,80E-05	5,98E-05	3,36E-05		1,14E-05	1,11E-05
2,00 / 2.000.000	2,63E-05	2,39E-05	7,97E-05	4,48E-05		1,52E-05	1,48E-05
2,00 / 2.000.000	2,63E-05	2,39E-05	7,97E-05	4,48E-05		1,52E-05	1,48E-05
3,00 / 3.000.000	3,94E-05	3,59E-05	1,20E-04	6,72E-05		2,27E-05	2,22E-05
Million metric tons handled per year	Orzo Barley	Mais Corn	Avena Oats	Riso Rice	Segale Rye	Sorgo Sorghum	Frumento Wheat
MEAN EXPLOSION LIKELIHOOD PER OPERATIONAL HOUR IN GRAIN HANDLING FACILITIES							

Tabella 74

I valori con sfondo bianco, compresi fra 10^{-5} e 10^{-7}, sono improbabili secondo JAR, improbabili secondo FAR.

I valori con sfondo color pesca, compresi fra 10^{-3} e 10^{-5}, sono ragionevolmente probabili secondo JAR, probabili secondo FAR.

Nella tabella seguente le probabilità annue Pa riferite all'ora operativa vengono espresse in termini di ore operative di ritorno Or, tramite la relazione Or = 1/Pa.

ORE OPERATIVE DI RITORNO DI UNA ESPLOSIONE NELL'INDUSTRIA MOLITORIA USA

Tonnellate lavorate per anno		*Orzo*	*Mais*	*Avena*	*Riso*	*Segale*	*Sorgo*	*Frumento*
Milioni	Tonnellate							
0,05	50.000	**1.522.273**	**1.671.265**	**501.764**	*892.857*		**2.639.881**	**2.703.647**
0,10	100.000	**761.136**	**835.633**	**250.882**	*446.429*		**1.319.940**	**1.351.824**
0,15	150.000	**507.424**	**557.088**	**167.255**	*297.619*		**879.960**	**901.216**
0,25	250.000	**304.455**	**334.253**	**100.353**	*178.571*		**527.976**	**540.729**
0,30	300.000	**253.712**	**278.544**	*83.627*	*148.810*		**439.980**	**450.608**
0,35	350.000	**217.468**	**238.752**	*71.681*	*127.551*		**377.126**	**386.235**
0,40	400.000	**190.284**	**208.908**	*62.721*	*111.607*		**329.985**	**337.956**
0,45	450.000	**169.141**	**185.696**	*55.752*	*99.206*		**293.320**	**300.405**
0,50	500.000	**152.227**	**167.127**	*50.176*	*89.286*		**263.988**	**270.365**
0,75	750.000	**101.485**	**111.418**	*33.451*	*59.524*		**175.992**	**180.243**
1,00	1.000.000	*76.114*	*83.563*	*25.088*	*44.643*		**131.994**	**135.182**
1,50	1.500.000	*50.742*	*55.709*	*16.725*	*29.762*		*87.996*	*90.122*
2,00	2.000.000	*38.057*	*41.782*	*12.544*	*22.321*		*65.997*	*67.591*
2,00	2.000.000	*38.057*	*41.782*	*12.544*	*22.321*		*65.997*	*67.591*
3,00	3.000.000	*25.371*	*27.854*	*8.363*	*14.881*		*43.998*	*45.061*
Million metric tons handled per year		Barley	Corn	Oats	Rice	Rye	Sorghum	Wheat

Mean explosion time of return in USA grain handling facilities , Operational Hours

Tabella 75

La tabella 75 consente di stabilire agevolmente la probabilità qualitativa delle esplosioni.

I valori con sfondo bianco, compresi fra 100.000 e 10.000.000 sono improbabili secondo JAR, improbabili secondo FAR.

I valori con sfondo color pesca, compresi fra 1.000 e 100.000 sono ragionevolmente probabili secondo JAR, probabili secondo FAR.

Avendo ritenuto utilizzabile quanto trovato per gli USA anche in Europa, applichiamo quanto trovato al caso Italiano. Supponiamo di avere per ogni cereale raccolto nel 2007 in Italia un singolo stoccaggio, in cui confluisca tutta la produzione nazionale. Moltiplicando le incidenze di esplosione per milione di tonnellate per i milioni di tonnellate di cereale prodotto ottengo la frequenza attesa di esplosione del cereale per l'anno in esame. Successivamente moltiplico tale probabilità per l'incidenza delle esplosioni negli stoccaggi, stimando quindi la probabilità di accadimento nell'attività con la maggiore incidenza di esplosione. Per poterla comparare con la scala delle probabilità trasformo la probabilità trovata da probabilità annua in probabilità per ore operative, dividendo per il valore 2.000. Sulla base di tale valore, moltiplicando la probabilità di esplosione in uno stoccaggio per l'incidenza di decessi per esplosione, stimo la probabilità di avere un decesso.

PROBABILITA DI ESPLOSIONE DEI CEREALI IN ITALIA NEL 2007							
	Orzo	Mais	Avena	Riso	Segale	Sorgo	Frumento
Produzioni Italiana 2007 Italian productions 2007	1.205.638	9.891.362	407.315	1.493.200	7.685	200.343	7.260.309
Incidenza di esplosione per milione di tonnellate	2,63E-02	2,39E-02	7,97E-02	4,48E-02		1,52E-02	1,48E-02
Probabilità media oraria di esplosione 2007	1,58E-05	1,18E-04	1,62E-05	3,34E-05		1,52E-06	5,37E-05
Ore operative tra due esplosioni	63.131	8.448	61.594	29.898		658.840	18.613
Probabilità qualitativa	Ragion. Probabile	Ragion. Probabile	Ragion. Probabile	Ragion. Probabile	ND	Improbabile	Ragion. Probabile
Incidenza esplosione Stoccaggi	55,00%	55,00%	55,00%	55,00%	55%	55,00%	55,00%
Probabilità esplosione Stoccaggi per ora operativa	8,71E-06	6,51E-05	8,93E-06	1,84E-05		8,35E-07	2,95E-05
Ore operative fra due esplosione negli stoccaggi	114.784	15.360	111.989	54.361		1.197.891	33.842
Probabilità qualitativa	Improbabile	Ragion. Probabile	Improbabile	Ragion. Probabile	ND	Improbabile	Ragion. Probabile
Incidenza decessi per esplosione	0,13	0,13	0,13	0,13	0,13	0,13	0,13
Probabilità decesso per ora operativa	1,11E-06	8,32E-06	1,14E-06	2,35E-06		1,07E-07	3,78E-06
Ore operative tra due decessi	898.313	120.210	876.438	425.431		9.374.802	264.847
Probabilità qualitativa	Improbabile	Improbabile	Improbabile	Improbabile	ND	Improbabile	Improbabile
Incidenza feriti per esplosione	1,11	1,11	1,11	1,11	1,11	1,11	1,11
Probabilità infortunio per ora operativa	9,68E-06	7,23E-05	9,92E-06	2,04E-05		9,28E-07	3,28E-05
Ore operative tra due infortuni	103.306	13.824	100.790	48.925		1.078.102	30.457
Probabilità qualitativa	Improbabile	Ragion. Probabile	Improbabile	Ragion. Probabile	ND	Improbabile	Ragion. Probabile
	Barley	Maize	Oat	Rice	Rye	Sorghum	Wheat
Italian Explosion Likelihood							

Tabella 76

Quanto trovato costituisce la stima numerica della *probabilità che sia raggiunto il livello potenziale di accadimento e che si verifichino conseguenze sulle persone presenti, dicitura che in Italia esprime anche il rischio.*

Dalla tabella 76 risulta che in Italia la probabilità di avere, in uno stoccaggio, una esplosione con associato un decesso è almeno improbabile per tutti i cereali, mentre quella di avere una esplosione con associato un ferito risulta ragionevolmente probabile per il mais, il riso, ed il frumento.

La probabilità calcolata per gli stoccaggi rappresenta il valore massimo fra le singole attività di lavorazione, per cui le altre attività hanno certamente probabilità inferiori.

Il dato di confronto è che in tanti anni non si è sentito parlare spesso di esplosioni di cereali in Italia. Il fatto è probabilmente spiegabile sia con le misure di sicurezza adottate sia con il frequente mascheramento nostrano degli incidenti nelle attività produttive tranne in occasione di decessi.

In Italia risulta avvenuta una esplosione il 16/07/2007 a Fossano in provincia di Cuneo, presso un mulino. Nell'incidente persero la vita cinque persone. Al momento dell'esplosione veniva pompata della farina da un'autobotte in un silos.
L'incidente è stato descritto accuratamente nel numero di Giugno 2010 della rivista Tecnica Molitoria, edita da Chiriotti Editori (*http://www.chiriottieditori.it.*).

In Europa tra il 1989 ed il 2005 sono state prodotte 6.872,43 milioni di tonnellate di cereali (fonte FAO), mentre negli Usa 5.541,12 (fonte USDA-NASS).
In Francia tra 1989 ed il 2005 sono state prodotte 1.017 milioni di tonnellate di cereali (fonte FAO).

Secondo quanto estratto dal database ARIA fra il 1989 ed il 2005 risultano avvenute in Francia 14 esplosioni.
Si ha quindi che il numero di esplosioni per milione di tonnellata relativo al periodo 1989-2005 risulta espresso da 14/1017=1,377E-2, corrispondente ad una quantità di ritorno pari a 72,64 anni.

Negli USA tra il 1989 ed il 2005 avvennero 126 esplosioni a fronte di una produzione pari a 5.541,12 milioni di tonnellate. L'incidenza di esplosione per milione di tonnellata risulta pari a 126/5541,12=2,274E-2, corrispondente ad una quantità di ritorno paria 43,97 anni circa.

Da quanto esposto, stante che le produzioni Francesi sono importanti, si deduce che è plausibile ritenere che, in generale, le incidenze di esplosione Europee per milione di tonnellate siano attualmente minori di quelle Americane.

XVII CONCLUSIONI

E' stato illustrato un metodo per stimare numericamente la probabilità media di accadimento di una esplosione nelle lavorazioni dei cereali. Le critiche, peraltro applicabili a tutti i metodi di stima a posteriori basati sugli eventi, sono riassunte splendidamente da: misura col micrometro, segna col gesso, taglia con l'ascia.

Non è stato possibile adoperare dati Europei in quanto non facilmente reperibili per cui i valori sono stati ricavati mediante elaborazione di basi dati governative Americane, caratterizzati dall'essere ricavati da una base ampia e omogenea.

Grazie alla disponibilità delle basi dati Americane è stato possibile ottenere le produzioni di cereali, le esplosioni per tipo di cereale, l'incidenza di esplosione per tipo di attività, l'incidenza di morti e feriti per esplosione.

E' stata calcolata quindi l'incidenza media di esplosione per anno per milione di tonnellate lavorate, distinta per tipo di cereale e successivamente la frequenza attesa di esplosione per tipo di cereale.

Dall'analisi dei risultati ottenuti si è rilevato che:

- I cereali non sono risultati equivalenti fra loro dal punto di vista delle esplosioni. Vi sono cereali quali l'avena ed il riso che sono maggiormente soggetti ad esplosioni rispetto a sorgo e frumento.

- Le lavorazioni dei cereali non sono risultate equivalenti fra loro dal punto di vista delle esplosioni. Vi sono attività, quali gli stoccaggi, che hanno incidenze di esplosione molto maggiori rispetto ad altre attività, quali ad esempio la macinazione.

- Tramite l'utilizzo combinato dei valori della frequenza attesa (probabilità) di accadimento di esplosione per tipo di cereale, delle incidenze di esplosione per tipo di attività, dell'incidenza di morti e feriti per esplosione è stato possibile stimare la probabilità di avere un infortunio in un impianto specifico.

- Attualmente la probabilità generica di accadimento di una esplosione è risultata, fino ad un milione di tonnellate all'anno per sorgo e frumento e 750.000 tonnellate all'anno per il mais e l'orzo, improbabile.

Questo positivo risultato è stato ottenuto negli USA grazie ad una serie di regolamenti in larga parte coincidenti con i regolamenti della normativa europea. La regola Europea è un atto di indirizzo generale nei confronti delle esplosioni da polveri, quella Americana è dedicata alle esplosioni da polvere dei cereali e contiene quindi anche elementi specifici.

Essendovi diversi punti in comune, non potendosi ritenere la normativa Europea inferiore a quella Americana, si propone di adottare i valori trovati per gli USA come riferimento iniziale per l'Europa, in attesa di poter realizzare una analoga statistica basata su dati Europei.

Allegati

Westwego, Luisiana, Continental Grain Elevator

Westwego, Luisiana, Continental Grain Elevator
22 Dicembre 1977, 35 Morti

Fonte Kansas State University, http://labs.lib.ksu.edu/dlib/

XVIII ALLEGATO A

XVIII.1 DATI SULLE ESPLOSIONI

XVIII.1.1 Esplosioni per tipo di cereale

I dati delle esplosioni sono stati ricavati dalle pubblicazioni annuali della KSU, Kansas State University, curate da Robert W. Schoeff, Kansas State University. Dept. of Grain Science & Industry. Kansas State University e Ralph Regan, FGIS Safety Director, Mavis Rogers, FGIS-USDA. Le tabelle con riportate le esplosioni per tipo di cereale sono risultate disponibili dal 1982. Nel 1982 venivano pubblicate le conclusioni sulle esplosioni da parte dell'accademia nazionale delle scienze.

	Esplosioni per tipo di cereale prima delle regolamentazioni OSHA								
#	*Anno*	*Orzo*	*Mais*	*Avena*	*Riso*	*Segale*	*Sorgo*	*Frumento*	*Totale*
1	1982		7				1	1	*9*
2	1983		8				2		*10*
3	1984		11	1				5	*17*
4	1985	1	14		1		2		*18*
5	1986	1	6		2		6	2	*17*
6	1987		13						*13*
7	1988		7	1	1			1	*10*
	Totali	**2**	**66**	**2**	**4**	**0**	**11**	**9**	**94**
	%	**2,13%**	**70,21%**	**2,13%**	**4,26%**	**0,00%**	**11,70%**	**9,57%**	**100%**
		Barley	**Corn**	**Oat**	**Rice**	**Rye**	**Sorghum**	**Wheat**	
	Grain Dust Explosions by commodity handled at time of Explosion before standards OSHA								

Tabella 77

	Esplosioni per tipo di cereale dopo le regolamentazioni OSHA								
#	Anno	*Orzo*	*Mais*	*Avena*	*Riso*	*Segale*	*Sorgo*	*Frumento*	*Totale*
1	1989		4	1			2		*7*
2	1990	1	2		1		1	1	*6*
3	1991	1	5	1				1	*8*
4	1992		4					1	*5*
5	1993		9					1	*10*
6	1994	1	8	1	1		1	2	*14*
7	1985		3		3			1	*7*
8	1996	1	5		1				*7*
9	1997		8					3	*11*
10	1998		9					2	*11*
	Totale	**4**	**57**	**3**	**6**	**0**	**4**	**12**	**86**
	%	**4,65%**	**66,28%**	**3,49%**	**6,98%**	**0,00%**	**4,65%**	**13,95%**	**100%**
	Year	Barley	Corn	Oat	Rice	Rye	Sorghum	Wheat	Total
	Grain Dust Explosions by commodity handled at time of Explosion after standards OSHA 1989-1998								

Tabella 78

Esplosioni per tipo di cereale dopo le regolamentazioni OSHA 1999-2005									
#	Anno	*Orzo*	*Mais*	*Avena*	*Riso*	*Segale*	*Sorgo*	*Frumento*	*Totale*
1	1999		7						*7*
2	2000		2					1	*3*
3	2001		5	1					*6*
4	2002		5						*5*
5	2003		6					1	*7*
6	2004		3						*3*
7	2005		7					2	*9*
	Totale	**0**	**35**	**1**	**0**	**0**	**0**	**4**	**40**
	%	**0,00%**	**87,50%**	**2,50%**	**0,00%**	**0,00%**	**0,00%**	**10,00%**	**100%**
	Year	Barley	Corn	Oat	Rice	Rye	Sorghum	Wheat	Total

Grain Dust Explosions by commodity handled at time of Explosion after standards OSHA 1999-2005

Tabella 79

Esplosioni per tipo di cereale, periodo regolamentato OSHA 1989-2005								
Anno	*Orzo*	*Mais*	*Avena*	*Riso*	*Segale*	*Sorgo*	*Frumento*	*Totale*
1989-1998	4	57	3	6	0	4	12	*86*
1999-2005	0	35	1	0	0	0	4	*40*
1989-2005	**4**	**92**	**4**	**6**	**0**	**4**	**16**	**126**
%	**3,17%**	**73,02%**	**3,17%**	**4,76%**	**0,00%**	**3,17%**	**12,70%**	**100%**
Period	Barley	Corn	Oat	Rice	Rye	Sorghum	Wheat	Total

Grain Dust Explosions by commodity handled at time of Explosion after standards OSHA 1989-2005

Tabella 80

Si riporta per completezza anche la statistica riferita all'intero periodo 1982-2005.

Esplosioni totali per tipo di cereale al momento dello scoppio 1982-2005								
Anno	*Orzo*	*Mais*	*Avena*	*Riso*	*Segale*	*Sorgo*	*Frumento*	*Totale*
1982-2005	**6**	**158**	**6**	**10**	**0**	**15**	**25**	**220**
%	**2,73%**	**71,82%**	**2,73%**	**4,55%**	**0,00%**	**6,82%**	**11,36%**	**100%**
Period	Barley	Corn	Oat	Rice	Rye	Sorghum	Wheat	Total

Grain Dust Explosions by commodity handled at time of Explosion 1982-2005

Tabella 81

Si rileva che l'introduzione delle normative ha ridotto significativamente il numero delle esplosioni e non ha spostato in maniera significativa la proporzione relativa delle esplosioni per tipo di cereale.

XVIII.1.2   Esplosioni per tipo di attività

Sono disponibili i dati disaggregati per tipo di attività in cui è avvenuta l'esplosione. I dati sono stati ripresi dalle pubblicazioni online dell'università del Kansas (KSU).

Sono state eliminate le registrazioni

- non appartenenti ai cereali quali quelle della soia;
- non relative ad impianti di lavorazione di cereali come gli zuccherifici;
- avvenute in impianti lavoranti prodotto finito, quali farine etc.

I casi dubbi, come ad esempio le birrerie, sono stati spostati in altro. I dubbi sono dovuti alla non conoscenza dei processi degli impianti: ad esempio la birreria può acquistare il malto o produrlo in proprio dal prodotto grezzo.

Sono state effettuate le seguenti modifiche dei dati disponibili:

1982, Risultano presenti 14 esplosioni. Sono state eliminate due registrazioni:

25 Maggio, in quanto l'elevatore si trovava in un'industria di lavorazione della soia;

16 novembre, l'incidente dell'elevatore è conseguente ad una esplosione da propano.

E' stata spostata in altro la registrazione del:

18 Ottobre in quanto avvenuto in un'industria di lavorazione dell'amido (Starch plant).

Risultano 12 dati di cui 2 relativi a mulini per mangimi,9 relativi a stoccaggi (Elevator).

1984, risultano documentate 20 esplosioni, nei prospetti né risultano riportate 21.

E' stata eliminata una registrazione:

20 Febbraio, avvenuta in un impianto che trattava soia.

Sono state assegnate agli stoccaggi le seguenti esplosioni:

8 Maggio in quanto avvenuta nello stoccaggio a servizio del mulino per mangimi.

4 Dicembre in quanto avvenuta in un elevator leg dello stoccaggio a servizio del mulino di   farina. Nel prospetto KSU risulta assegnata ad altro.

Risultano 19 dati di cui 4 relativi a mulini per mangimi, 1 relativo ad un mulino di farina, 1 relativo ad un mulino di mais del tipo a secco (da aggiornamento del 1991, corn milling dry), 13 relativi a stoccaggi (Elevator).

1986, Risultano presenti 21 esplosioni. E' stata eliminata una registrazione:

15 Dicembre, avvenuta in un impianto di produzione di Alcool

Risultano 20 dati di cui 5 relativi a mulini per mangimi, 1 relativo a mulino di farina, 1 relativo ad un mulino di malto d'orzo (altro) , 2 relativi a mulini di riso, 11 relativi a stoccaggi (Elevator).

1988, Sono presenti 13 registrazioni. E' stata eliminata la registrazione:

19 Marzo, in quanto avvenuta in uno zuccherificio

Risultano 12 dati di cui 1 relativo ad un mulino di riso, 1 relativo ad un mulino di avena, 1 relativo ad un mulino ad umido di mais, 1 ad un impianto di trattamento di mais, 1 relativo ad un mulino per mangimi, 7 relativi a stoccaggi.

1989, Sono presenti 13 registrazioni.

Sono state spostate in altro le registrazioni:

3 Febbraio in quanto avvenuta in un magazzino alla rinfusa

14 Febbraio in quanto avvenuta in un impianto di trattamento chimico (Chemical Processing   Plant).

Risultano 13 registrazioni, 1 relativa alla macinazione di mais a secco(Corn milling, dry), 2 relative a macinazione mais ad umido (Corn milling, wet),   1 relativa a mulini per mangimi, 2 ad altro, 7 relative a stoccaggi

1992, Sono presenti 6 registrazioni. E' stata eliminata la registrazione:

3 Giugno, avvenuta in una fabbrica di giocattoli.

Risultano 5 registrazioni, tutte relative a stoccaggi.

1993, sono presenti 13 registrazioni. E' stata eliminata la registrazione:
        25 Ottobre, in quanto avvenuta in una fabbrica di dolciumi (candy)

E' stata spostata in altro la registrazione
        2 Maggio, in quanto avvenuta in una industria alimentare

Risultano 12 registrazioni, 1 relativa ad un mulino di farina (flour mill), 1 relativa ad un mulino di mais ad umido (corn milling, wet), 1 relativa ad altro, 9 relative a stoccaggi.

1994, sono presenti 15 registrazioni. E' stata eliminata la registrazione:
        21 Aprile, avvenuta in un impianto di prodotti da forno (Bakery)
E' stata spostata in altro le registrazione:
        16 Giugno, avvenuta in un industria del malto
Risultano 14 registrazioni, 2 relative ad un mulino di farina (flour mill), 3 relative a mulini di mangimi, 1 relativa ad un mulino di mais ad umido (corn milling, wet-Starch), 1 relative ad altro, 7 relative a stoccaggi.

1995, sono presenti 14 registrazioni. E' stata eliminata la registrazione:
        26 Settembre, avvenuta in un impianto di derivati da animali (Animal By-Product plant)
Risultano 13 registrazioni, 4 relative a mulini di mangimi (Feed mill), 1 relativa ad un mulino di mais a secco (Corn Milling, Dry), 2 relative ad un mulino di mais ad umido (Corn Milling, Wet),1 relative ad 1 mulino di riso (Rice Mill), 4 relative a stoccaggi.

1996, sono presenti 13 registrazioni. E' stata eliminata la seguente registrazione
        20 Luglio, in quanto avvenuta in un zuccherificio.
E' stato spostato in altro
        10 Luglio, avvenuta in una birreria (Brewery)
Risultano 12 registrazioni, 1 relativa ad un mulino di farina (Flour Mill), 4 relative a mulini di mangimi (Feed Mill), 1 relativa ad un mulino di mais a secco (Corn Milling, Dry), 1 relative ad un mulino di riso (Rice Mill), 1 relativa ad altro, 4 relative a stoccaggi.

1997, sono presenti 16 registrazioni. Sono state eliminate la seguenti registrazioni:
        16 Maggio, avvenuta in un impianto di prodotti da forno (Bakery)
        18 Maggio, in quanto avvenuta in un impianto di sgusciatura di noci (Walnut Shelling)
        10 Ottobre, in quanto avvenuta in un'industria di lavorazione della soia
E' stato spostato in altro
        17 Giugno, avvenuta in un'industria di lavorazione cerali (Cereal plant)

Risultano 13 registrazioni, 1 relativa ad un mulino di farina (flour mill), 2 relative a mulini di mangimi, 1 relativa ad altro, 9 relative a stoccaggi.

1998, sono presenti 18 registrazioni. Sono state eliminate la seguenti registrazioni:
        17 Maggio, in quanto avvenuta in un impianto di alimenti congelati (Frozen dough)
         7 Luglio, in quanto avvenuta in una industria aeronautica (Aircraft plant)
        28 Agosto, in quanto avvenuta in uno zuccherificio (Sugar plant)
Risultano 15 registrazioni, 3 relative a mulini di mangimi, 1 relativa ad un mulino di mais ad umido, 11 relative a stoccaggi.

1999, sono presenti 7 registrazioni. Sono state spostate le seguenti registrazioni negli stoccaggi:
        3 Febbraio, in quanto avvenuta nello stoccaggio a servizio del mulino
        2 Agosto, in quanto avvenuta nello stoccaggio a servizio del mulino

Risultano 7 registrazioni, 2 relative a mulini di mangimi, 5 relative a stoccaggi.

2000, sono presenti 8 registrazioni. E' stata eliminata la seguente registrazione:
22 Marzo, in quanto avvenuta in uno zuccherificio (Sugar Processing)
Risultano 7 registrazioni, 1 relativa a mulini di mangimi, 4 relative ad altro, 2 relative a stoccaggi.

2001, sono presenti 9 registrazioni. E' stata eliminata la seguente registrazione:
8 Settembre, in quanto avvenuta in un impianto di trattamento del latte (Milk Processor)
Risultano 8 registrazioni, 2 relativa a mulini di mangimi, 2 relative ad altro, 4 relative a stoccaggi.

2004, sono presenti 6 registrazioni. Sono state spostate le seguenti registrazioni negli stoccaggi:
12 Gennaio, in quanto avvenuta nello stoccaggio a servizio del mulino
2 o 7 Aprile, in quanto avvenuta nello stoccaggio a servizio del mulino

Risultano 6 registrazioni, 1 relativa a mulini di mangimi, 2 relative ad altro, 3 relative a stoccaggi.

						Esplosioni da polvere di cereali per tipo di attività Pre Regolamentazione, 1982-1988				
#	Anno	Stoccaggi	Molitoria Mangimi	Molitoria Farina	Molitoria Mais Secco	Molitoria Mais Umido	Molitoria Riso	Molitoria Avena	Altro	Totale
1	1982	9	2						1	12
2	1983	9	4							13
3	1984	13	4	1					1	19
4	1985	18	1		2		1			22
5	1986	11	5	1			2		1	20
6	1987	10	4							14
7	1988	7	1		1	1	1	1	0	12
	Totale	77	21	2	3	1	4	1	3	112
	%	68,75%	18,75%	1,79%	2,68%	0,89%	3,57%	0,89%	2,68%	100%
	Year	Grain Elevator	Feed Mill	Flour Mill	Corn Mill Dry	Corn Mill Wet	Rice Mill	Oat Mill	Other	Total

Grain Dust Explosions by type of Facility. No standards OSHA, years 1982-1988

Tabella 82

Esplosioni per tipo di attività Post Regolamentazione 1989-1998

#	Anno	Stoccaggi	Molitoria Mangimi	Molitoria Farina	Molitoria Mais Secco	Molitoria Mais Umido	Molitoria Riso	Molitoria Avena	Altro	Totale
1	1989	7	1		1	2			2	13
2	1990	8	1	2	1	1	1		1	15
3	1991	4	4	1			1		2	12
4	1992	5							0	5
5	1993	9		1		1			1	12
6	1994	7	3	2		1			1	14
7	1995	4	4		1	2	2		0	13
8	1996	4	4	1	1		1		1	12
9	1997	9	2	1					1	13
10	1998	11	3			1			0	15
	Tot.	68	22	8	4	8	5	0	9	124
	%	54,84%	17,74%	6,45%	3,23%	6,45%	4,03%	0,00%	7,26%	100%
	Year	Grain Elevator	Feed Mill	Flour Mill	Corn Mill Dry	Corn Mill Wet	Rice Mill	Oat Mill	Other	Total

Grain Dust Explosions by type of Facility. Post Standards years 1989-1988

Tabella 83

Esplosioni per tipo di attività Post Regolamentazione 1999-2005

#	Anno	Stoccaggi	Molitoria Mangimi	Molitoria Farina	Molitoria Mais Secco	Molitoria Mais Umido	Molitoria Riso	Molitoria Avena	Altro	Totale
1	1999	5	2							7
2	2000	2	1						4	7
3	2001	4	2						2	8
4	2002	6				1			1	8
5	2003	4	1	1					1	7
6	2004	3	1						2	6
7	2005	7	5	1						13
8	Tot	31	12	2	0	1	0	0	10	56
	%	55,36%	21,43%	3,57%	0,00%	1,79%	0,00%	0,00%	17,86%	100,0%
	Year	Grain Elevator	Feed Mill	Flour Mill	Corn Mill Dry	Corn Mill Wet	Rice Mill	Oat Mill	Other	Total

Grain Dust Explosions by type of Facility. Post Standards years 1989-1988

Tabella 84

Esplosioni per tipo di attività Post Regolamentazione 1989-2005									
Anni	Stoccaggi	Mulini Mangime	Mulini Farina	Mais secco	Mais umido	Molitoria Riso	Molitoria. Avena	Altro	Totale
1989-1998	68	22	8	4	8	5	0	9	**124**
1999-2005	31	12	2	0	1	0	0	10	**56**
Totale	99	34	10	4	9	5	0	19	**180**
%	**55,00%**	**18,89%**	**5,56%**	**2,22%**	**5,00%**	**2,78%**	**0,00%**	**10,56%**	**100%**
Years	**Grain Elevator**	**Feed Mill**	**Flour Mill**	**Corn Mill Dry**	**Corn Mill Wet**	**Rice Mill**	**Oat Mill**	**Other**	**Total**

Grain Dust Explosions by type of Facility. Post Standards years 1989-2005

Tabella 85

Variazione Ripartizione esplosioni per tipo di attività Pre-Post Regolamentazione									
Anni	Stoccaggi	Mulini Mangime	Mulini Farina	Mais secco	Mais umido	Molitoria. Riso	Molitoria Avena	Altro	Totale
1982-1988	68,75%	18,75%	1,79%	2,68%	0,89%	3,57%	0,89%	2,68%	**100,00%**
1989-2005	55,00%	18,89%	5,56%	2,22%	5,00%	2,78%	0,00%	10,56%	**100,00%**
Variazione	**-20,00%**	**0,74%**	**211,11%**	**-17,04%**	**460,00%**	**-22,22%**	**-100,00%**	**294,07%**	*Variation*
Years	**Grain Elevator**	**Feed Mill**	**Flour Mill**	**Corn Mill Dry**	**Corn Mill Wet**	**Rice Mill**	**Oat Mill**	**Other**	**Total**

Grain Dust Explosions Variation by type of Facility Pre-Post Standards years

Tabella 86

Con tale ultima tabella abbiamo finalmente terminato l'esposizione dei dati sulle esplosioni su cui abbiamo ragionato.

XIX   ALLEGATO B

XIX.1   SCHEDE DEI CEREALI

XIX.1.1   Scheda frumento

INCIDENZE ATTESE DI ESPLOSIONE DEL FRUMENTO

Quantità di ritorno
L'incidenza attesa di esplosione è di 0,0154495 per milione di tonnellate, corrispondente ad una quantità di ritorno di una esplosione pari a 64,73 milioni di tonnellate.

Incidenza attesa media annua di esplosione del frumento.
L'incidenza media annua attesa di esplosione risulta pari a 0,0147948 per anno e per milione di tonnellate corrispondente ad un tempo di ritorno di una esplosione pari a 67,59 anni per milione di tonnellate.

Incidenza attesa media annua di esplosione negli stoccaggi di frumento.
L'incidenza attesa media annua di esplosione negli stoccaggi risulta pari a 0,0147948 x 0,55 = 0,0081372 per milione di tonnellate. Il tempo di ritorno di una esplosione è pari a 117,68 anni per milione di tonnellate.

Incidenza attesa di un decesso negli stoccaggi di frumento.
Il numero di decessi per esplosione risulta 0,1277778.
In uno stoccaggio l'incidenza attesa di un decesso per anno e per milione di tonnellate è determinata da 0,0081372 x 0,1277778 = 0,0010397 decessi per anno e per milione di tonnellate, corrispondente ad un decesso ogni 961,77 anni per milione di tonnellate.

Incidenza attesa di feriti negli stoccaggi di frumento.
Il numero di feriti per esplosione risulta 1,1111111
In uno stoccaggio ci si attende quindi un ferito ogni 0,0081372 x 1,1111111 = 0,009413 feriti per anno e per milione di tonnellate, corrispondente ad un ferito ogni 110,6 anni per milione di tonnellate.

Temperatura ignizione delle polveri in sospensione:
Minimo 370°C, come da analisi n° 112, Massimo 570 °C come da analisi n° 5089, Valore medio 427°C
I 2/3 del valore minimo valgono 246°C

Temperatura ignizione delle polveri in strato 5 mm (Temperatura di Glowing):

Minimo 270°C come da analisi n° 3452, Massimo 450 °C come da analisi n° 2089, Valore medio 318°C
Il valore minimo -75 °C vale 195°C.

La classe di temperatura accettabile dei motori dove si lavora frumento sono quindi:

T4-T5-T6 in quanto minori di 195 °C.

	T1	T2	T3	T4	T5	T6
TEMPERATURA °C	450	300	200	135	100	85

Tabella 87

INCIDENZE ATTESE DI ESPLOSIONE DEL MAIS

Quantità di ritorno del mais
L'incidenza attesa di esplosione è di 0,0233335 per milione di tonnellate, corrispondente ad una quantità di ritorno di una esplosione pari a 42,86 milioni di tonnellate.

Incidenza attesa media annua di esplosione del mais
L'incidenza media annua attesa di esplosione risulta pari a 0,0239340 per anno e per milione di tonnellate corrispondente ad un tempo di ritorno di una esplosione pari a 41,78 anni per milione di tonnellate.

Incidenza attesa media annua di esplosione negli stoccaggi di mais
L'incidenza attesa media annua di esplosione negli stoccaggi risulta pari a 0,0239340 x 0,55 = 0,0131637 per milione di tonnellate. Il tempo di ritorno di una esplosione è pari a 75,97 anni per milione di tonnellate.

Incidenza attesa di un decesso negli stoccaggi di mais
Il numero di decessi per esplosione risulta 0,1277778.
In uno stoccaggio l'incidenza attesa di un decesso per anno e per milione di tonnellate è determinata da 0,0131637 x 0,1277778 = 0,0016820 decessi per anno e per milione di tonnellate, corrispondente ad un decesso ogni 594,52 anni per milione di tonnellate.

Incidenza attesa di feriti negli stoccaggi di mais
Il numero di feriti per esplosione risulta 1,1111111
In uno stoccaggio ci si attende quindi un ferito ogni 0,0131637 x 1,1111111 = 0,0146263 feriti per anno e per milione di tonnellate, corrispondente ad un ferito ogni 68,37 anni per milione di tonnellate.

Temperatura ignizione delle polveri in sospensione:
Minimo 400°C come da analisi (BGIA) n° 1256, Massimo 780 °C da analisi n°110, Valore medio 518°C
I 2/3 del valore minimo valgono 266°C

Temperatura ignizione delle polveri in strato 5 mm (Temperatura di Glowing):
Minimo 280°C da analisi n° 109, Massimo 460 °C da analisi n° 111, Valore medio 383°C
Il valore medio -75 °C vale 205°C.

La classe di temperatura accettabile dei motori dove si lavora il Mais sono quindi:

T3-T4-T5-T6 in quanto minori di 205 °C.

	T1	T2	T3	T4	T5	T6
TEMPERATURA °C	450	300	200	135	100	85

Tabella 88

XX ALLEGATO C

XX.1 CARATTERISTICHE DEI CEREALI

XX.1.1 Informazioni dal database HVBG

DATI FORNITI dal BGIA

L'istituto Tedesco ha reso disponibile un database pubblico sulle caratteristiche di esplosione di oltre 4.000 polveri. Riportiamo le definizioni di alcune caratteristiche di interesse:

Kst è la caratteristica specifica di esplodibilità = $(Dp/Dt)_{max}$ x $V^{\wedge 1/3}$ (Bar m s^{-1})
Misura il valore massimo dell'aumento della pressione nell'unità di tempo durante l'esplosione in un volume di 1 mc. In generale Kst è una costante funzione della miscela polvere aria.

Explosibility o classe di esplodibilità

Le classi di esplodibilità sono determinate in funzione di Kst. ST 0 significa che la povere non è combustibile

Una polvere è definita esplosiva se una fiamma si propaga dopo ignizione in una miscela polvere/aria causando un incremento di pressione in un recipiente chiuso.

L'esplosività è determinata in apparecchi chiusi in accordo con i metodi descritti. Mentre la stessa sorgente di ignizione è adoperata nei recipienti da 1 mc come nel test per determinare la caratteristica p_{max} e K_{St} (E$_Z$ = 10 kJ), l'energia di ignizione per determinare l'esplosività della polvere nella sfera da 20 litri varia solo tra 1 e 2 Kj

Se il metodo descritto non produce aumento di pressione (Dp< 0,5 bar rispetto alla pressione iniziale), la polvere oggetto del test (composizione, dimensione particelle, contenuto umidità) è definita come non esplosiva. Se l'incremento di pressione supera 0.5 bar la miscela aria polvere è classificata esplosiva.

Dust explosion class	K_{St} value in bar · m · s^{-1}	Caratteristica	Esempi
St 1	> 0 to 200	Da debolmente a moderatamente esplosiva	Polveri agricole
St 2	> 200 to 300	Decisamente esplosiva	Pigmenti organici
St 3	> 300	Estremamente esplosiva	Polveri di metalli

Tabella 89

Ignition temperature o Temperatura ignizione minima di una nuvola di polvere:

E'determinata secondo il metodo di **Godbert-Greenwald** . In un tubo verticale riscaldato elettricamente lungo 400 mm e di 26 mm di diametro viene immessa una piccola quantità di polvere (da 0.1 a 3.5 grammi) e soffiata verso la parte calda. Lo scopo è di determinare la temperatura di ignizione di una nuvola di polvere a contatto con un corpo caldo.

Glowing temperature o temperatura di emissione della luce:

Lo strumento di misura è costituito da un piatto di 185 mm di diametro, riscaldato elettricamente. La temperatura del piatto è termostatata con precisione con precisione +-2°C. Sul piatto, in un cilindro da 100 mm di diametro, è posto uno strato del materiale spesso 5 mm. La temperatura minore del piatto per cui nel giro di due ore si forma un'emissione di luce (Glowing) nel materiale è detta temperatura di glowing. La glowing temperature è utile nel caso di strati di polvere depositati su corpi caldi, come ad esempio motori elettrici. Non è indicativa nei casi di corto circuito perché il corto circuito non dura in genere due ore ma alcuni secondi, quelli necessari ai dispositivi di protezione per intervenire.

XX.2 PROPRIETÀ DELLE POLVERI DI FRUMENTO – WHEAT DUST PROPERTY

Dati forniti da / data provided by: GESTIS-STAUB-EX database, provided by BGIA - Institute for Occupational Safety and Health of the German Social Accident Insurance (DGUV) www.dguv.de/bgia/gestis-dust-ex

PROPRIETA DELLE POLVERI DI FRUMENTO – WHEAT DUST PROPERTY (BGIA DUST -EX)

#	Descrizione	<500	<250	<125	<63	<32	Mediana	Umid.	LEL	MIE	TA	Glowing	BZ	EXPL	Kst	Bar
112	Wheat, Canada					30	80		60		[370]	290		ST1	112	9,3
112	Wheat, Canada		100				<80						BZ3			
112	Wheat, Canada				100		<63							ST1		
2089	Wheat, soft	100	50				250				570	>450				NI
2866	Wheat, powder						49	12		30\300						
2870	Wheat, powder						28	5,3		3\30						
3075	Wheat, Dust from A.	37	15	12	11	10	800	8					BZ2	ST1		
3075	Wheat, Dust from A.		100				<250						BZ3			
3075	Wheat, Dust from A.				100		<63							ST2)		
3076	Wheat, Dust from A.	100	81	50	32		125	10					BZ3	ST2)		
3076	Wheat, Dust from A.		100				<125									
3076	Wheat, Dust from A.				100		<63						BZ3	ST2)		
3079	Wheat,wastes clean.	75	51	36	26	20	225	9,2					BZ2	ST1		
3079	Wheat,wastes clean.		100				<225						BZ2			
3079	Wheat,wastes clean.				100		<63							ST2)		
3100	Wheat										350					
3114	Winter Wheat	10	9	8	7	5	>1E4				380		BZ2			
3114	Winter Wheat		100				<250						BZ2			
3114	Winter Wheat				100		<63				380					
3115	Winter Wheat		100	98	91	75	14				420					
3115	Winter Wheat						<14				420					
3224	Wheat Dust	50	43	34	30	25	500	11						ST1		
3224	Wheat Dust		100				<250						BZ2			
3224	Wheat Dust				100		<63						BZ2	ST1		
3291	Wheat dust, Durum	100	71	14	8	7	215	12					BZ2	ST1		
3291	Wheat dust, Durum		100				<215						BZ2			
3291	Wheat dust, Durum						<63							ST1		
3322	Wheat abrasion	98	96	92	85	72	12	14		>100			BZ4			
3330	Wheat, Argentinian	80	74	66	58	50	32	10		>10	430		BZ2	ST1	116	7,7
3331	Wheat, Argentinian	77	60	43	32	26	175	11		>100	420		BZ2	ST1	86	7,7
3332	Wheat, Argentinian	81	71	58	44	30	90	11		>100	430		BZ2	ST1	81	7,8
3375	Wheat (78%)	100	99	94	88	84	<10	11					BZ2			
3375	Wheat (78%)		100				<10						BZ3			
3375	Wheat (78%)				100		<10				470			ST2)		
3466	Wheat	91	89	84	78	70	<10	7,9								
3466	Wheat		100				<10									
3466	Wheat				100		<10		30	>10				ST1	120	7,5
3466	Wheat				100		<10			>100	490	290				
3452	Wheat abrasion			100	99	96	<10	9				270	BZ4			
3452	Wheat abrasion				100		<10				400					
3457	Wheat abrasion	68	64	58	49	37	70									
3457	Wheat abrasion	100					<70						BZ3		106	7,2
3457	Wheat abrasion		100									290	BZ4			
3457	Wheat abrasion				100		<63		30	>30	450			ST1	118	7,6
3457	Wheat abrasion				100		<63			>30 NL						
#	Description	<500	<250	<125	<63	<32	Median	Mois.	LEL	MIE	I.T.	Glowing	BZ	EX	Kst	Bar
											401	318				

Tabella 90: GESTIS-STAUB-EX database, provided by BGIA

XX.3 PROPRIETÀ DELLE POLVERI DI MAIS – CORN DUST PROPERTY

Dati forniti da / data provided by: *GESTIS-STAUB-EX database, provided by BGIA - Institute for Occupational Safety and Health of the German Social Accident Insurance (DGUV)* www.dguv.de/bgia/gestis-dust-ex

	PROPRIETA DELLE POLVERI DI MAIS – CORN DUST PROPERTY (BGIA DUST -EX)															
		<500	<250	<125	<63	<32	Med.	Umid.	LEL	MIE	IT	GLO	BZ	EX	Kst	Bar
109	Yellow Maize			84		54	28		60		440	280		ST1	75	9,4
109	Yellow Maize		100				<28						BZ3			
109	Yellow Maize				100		<28							ST1		
110	Maize	46					550				780	410				
110	Maize		100				<250						BZ3			
110	Maize			100			<63		30					ST1		
111	Maize	22					1450		500		530	460		ST1	7	4
111	Maize		100				<250						BZ3			
111	Maize				100		<63							(ST2)		
1256	Maize grits	100	99	66	29	19	90						BZ2			
1256	Maize grits				100		<63		200	10/100.	400					
2633	Maize						2000	9,8		300/3 *10^3						
2642	Maize Powder						800	14		300/3 *10^3						
3074	Maize Powder		97	96	94	92	<10	8					BZ2	(ST2)		
3074	Maize Powder		100				<10						BZ2			
3074	Maize Powder				100		<10							(ST2)		
3501	Maize Flour	100	88	63	42	5	90	8					BZ2			
3501	Maize Flour		100				<90						BZ2			
3501	Maize Flour				100		<63		60	>10	440			ST1	127	6,7
#	Description	<500	<250	<125	<63	<32	Med.	Mois.	LEL	MIE	IT	GLO	BZ	EX	Kst	Bar
											518	383				

Tabella 91: GESTIS-STAUB-EX database, provided by BGIA

XX.4 POLVERI DI CEREALI MISTE – MIXED GRAIN DUST PROPERTY

Dati forniti da / data provided by: *GESTIS-STAUB-EX database, provided by BGIA - Institute for Occupational Safety and Health of the German Social Accident Insurance (DGUV)* www.dguv.de/bgia/gestis-dust-ex

		<500	<250	<125	<63	<32	Med	Umid.	LEL	MIE	IT	GLO	BZ	EX	Kst	Bar
2035	Grain	82	58	40			160				490	290		ST1	89	9,3
3327	Grain, Silo Dust		100	98	90	66	18	4,7			400		BZ2	(ST2)		
3327	Grain, Silo Dust		100	98	90	66	18	<4.7					BZ2			
3327	Grain, Silo Dust				100		<18	<4.7						(ST2)		
5081	Grain, Silo Dust	93	92	90	88	71	12	9,8								
5081	Grain, Silo Dust		100				<12	3,6					BZ4			
5081	Grain, Silo Dust				100		<12	3,6	100					ST1		
		<500	<250	<125	<63	<32	Med.	Mois	LEL	MIE	IT	GLO	BZ	EX	Kst	Bar

Tabella 92: GESTIS-STAUB-EX database, provided by BGIA

Leggenda

Med.- Valore mediano, micrometri
Umid./Mois.= Tenore di umidità del campione in % del peso
LEL, Lower Explosion Limit, limite inferiore di esplosibilità,g/mc
MIE, Minimum Ignition Energy,
I.T., Temperatura di accensione, °C
GLO, Glowing temperature, °C
BZ, Classe di esplosione
EX, Classe di esplodibilità
Kst, caratteristica di esplodibilità
bar, sovrappressione massima dell'esplosione,bar

XX.5 POLVERI DI FRUMENTO

*Dati forniti da / data provided by:*GESTIS-STAUB-EX database, provided by BGIA - Institute for Occupational Safety and Health of the German Social Accident Insurance (DGUV) www.dguv.de/bgia/gestis-dust-ex

Detailed information on: Wheat, Canada, silo inlet (_112_); Alimentazione Silo

Characteristic				Caratteristica
Particle size <250 µm [% by weight]		100		Dimensione <250 µm [% peso]
Particle size <71 µm [% by weight]	48			Dimensione <71 µm [% peso]
Particle size <63 µm [% by weight]			100	Dimensione <63 µm [% peso]
Particle size <32 µm [% by weight]	30			Dimensione <32 µm [% peso]
Median Value [µm]	80	<80	<63	Mediana [µm]
Lower Ex-Limit [g/m³] (LEL,MEC)	60			Limite inferiore di esplosione [g/mc]
Max.Ex-Overpressure [bar]	9,3			Sovrappressione max. espl. [bar]
_K$_{St}$ Value [bar m/s]_	112			K$_{St}$ Valore [bar m/s]
Explosibility	St 1		St 1	Esplosività
Ignition Temperature G-G [°C]	(370)			T. Accensione Nuvola G-G [°C]
Glowing Temperature [°C]	290			T. Accensione Strato [°C]
Combustibility BZ		3		Combustibilità BZ

Detailed information on: Wheat, soft (_2089_); Frumento Tenero

Characteristic		Caratteristica
Particle size <500 µm [% by weight]	100	Dimensione <500 µm [% peso]
Particle size <250 µm [% by weight]	50	Dimensione <250 µm [% peso]
Median Value [µm]	250	Mediana [µm]
Max.Ex-Overpressure [bar]	n.i.	Sovrappressione max. espl. [bar]
Ignition Temperature G-G [°C]	570	T. Accensione Nuvola G-G [°C]
Glowing Temperature [°C]	n.g.u.450	T. Accensione Strato [°C]

Detailed information on: Wheat powder (_2866_); Polvere di frumento

Characteristic		Caratteristica
Median Value [µm]	49	Mediana [µm]
Moisture Content [% by weight]	12	Contenuto umidità [% del peso]
Minimum Ignition Energy [mJ]	30/300	Energia minima di ignizione [mJ]

Detailed information on: Wheat powder (**2870**); Polvere di frumento

Characteristic		Caratteristica
Median Value [μm]	28	Mediana [μm]
Moisture Content [% by weight]	5,3	Contenuto umidità [% del peso]
Minimum Ignition Energy [mJ]	3/30	Energia minima di ignizione [mJ]

Detailed information on: Wheat, dust from aspirator (**3075**); Frumento, polveri dall'aspirazione

Characteristic				Caratteristica
Particle size <500 μm [% by weight]	37			Dimensione <500 μm [% peso]
Particle size <250 μm [% by weight]	15	100		Dimensione <250 μm [% peso]
Particle size <125 μm [% by weight]	12			Dimensione <125 μm [% peso]
Particle size <63 μm [% by weight]	11		100	Dimensione <63 μm [% peso]
Particle size <32 μm [% by weight]	10			Dimensione <32 μm [% peso]
Median Value [μm]	800	<250	<63	Mediana [μm]
Moisture Content [% by weight]	8,0			Contenuto umidità [% del peso]
Explosibility	St 1		(St 2)	Esplosività
Combustibility BZ	2	3		Combustibilità BZ

Detailed information on: Wheat, dust from aspirator (**3076**)

Characteristic				Caratteristica
Particle size <500 μm [% by weight]	100			Dimensione <500 μm [% peso]
Particle size <250 μm [% by weight]	81	100		Dimensione <250 μm [% peso]
Particle size <125 μm [% by weight]	50			Dimensione <125 μm [% peso]
Particle size <63 μm [% by weight]	32		100	Dimensione <63 μm [% peso]
Particle size <32 μm [% by weight]	25			Dimensione <32 μm [% peso]
Median Value [μm]	125	<125	<63	Mediana [μm]
Moisture Content [% by weight]	10			Contenuto umidità [% del peso]
Explosibility	(St 2)		(St 2)	Esplosività
Combustibility BZ	3	3		Combustibilità BZ

*Dati forniti da / data provided by:*GESTIS-STAUB-EX database, provided by BGIA - Institute for Occupational Safety and Health of the German Social Accident Insurance (DGUV) www.dguv.de/bgia/gestis-dust-ex

Detailed information on: Wheat wastes (cleaning) (_3079_)

Characteristic	Value			Caratteristica
Particle size <500 μm [% by weight]	75			Dimensione <500 μm [% peso]
Particle size <250 μm [% by weight]	51	100		Dimensione <250 μm [% peso]
Particle size <125 μm [% by weight]	36			Dimensione <125 μm [% peso]
Particle size <63 μm [% by weight]	26		100	Dimensione <63 μm [% peso]
Particle size <32 μm [% by weight]	20			Dimensione <32 μm [% peso]
Median Value [μm]	225	<225	<63	Mediana [μm]
Moisture Content [% by weight]	9,2			Contenuto umidità [% del peso]
Explosibility	St 1		(St 2)	Esplosività
Combustibility BZ	2	2		Combustibilità BZ

Detailed information on: Wheat (_3100_)

Characteristic	Value	Caratteristica
Ignition Temperature BAM [°C]	350	Temperatura accensione BAM[°C]

Detailed information on: Winter wheat (_3114_)

Characteristic	Value			Caratteristica
Particle size <500 μm [% by weight]	10			Dimensione <500 μm [% peso]
Particle size <250 μm [% by weight]	9	100		Dimensione <250 μm [% peso]
Particle size <125 μm [% by weight]	8			Dimensione <125 μm [% peso]
Particle size <63 μm [% by weight]	7		100	Dimensione <63 μm [% peso]
Particle size <32 μm [% by weight]	5			Dimensione <32 μm [% peso]
Median Value [μm]	>1E+4	<250	<63	Mediana [μm]
Ignition Temperature BAM [°C]	380		380	T. Accensione Nuvola BAM [°C]
Combustibility BZ	2	2		Combustibilità BZ

Detailed information on: Winter wheat (_3115_)

Characteristic	Value			Caratteristica
Particle size <250 μm [% by weight]	100			Dimensione <250 μm [% peso]
Particle size <125 μm [% by weight]	98			Dimensione <125 μm [% peso]
Particle size <63 μm [% by weight]	91		100	Dimensione <63 μm [% peso]
Particle size <32 μm [% by weight]	75			Dimensione <32 μm [% peso]
Median Value [μm]	14		<14	Mediana [μm]
Ignition Temperature BAM [°C]	420		420	T. Accensione Nuvola BAM [°C]

*Dati forniti da / data provided by:*GESTIS-STAUB-EX database, provided by BGIA - Institute for Occupational Safety and Health of the German Social Accident Insurance (DGUV) www.dguv.de/bgia/gestis-dust-ex

Detailed information on: Wheat dust, from delivery (3224)

Characteristic	Value			Caratteristica
Particle size <500 µm [% by weight]	50			Dimensione <500 µm [% peso]
Particle size <250 µm [% by weight]	43	100		Dimensione <250 µm [% peso]
Particle size <125 µm [% by weight]	34			Dimensione <125 µm [% peso]
Particle size <63 µm [% by weight]	30		100	Dimensione <63 µm [% peso]
Particle size <32 µm [% by weight]	25			Dimensione <32 µm [% peso]
Median Value [µm]	500	<250	<63	Mediana [µm]
Moisture Content [% by weight]	11			Contenuto umidità [% del peso]
Explosibility	St 1		St 1	Esplosività
Combustibility BZ	2	2		Combustibilità BZ

La polvere di frumento analizzata è grossolana, solo la metà è minore di 0.5 mm. 0.5 mm è il valore medio della granulometria. Le componenti a granulometria minore hanno le stesse proprietà del campione. BZ2 significa che la polvere di frumento duro analizzata prende fuoco brevemente e si estingue rapidamente, sia complessivamente che sola la frazione minore di 0.25 mm. La frazione minore di 0.06 mm, più fine, ha le stesse caratteristiche St1 di esplosività del campione completo.

Detailed information on: Durum wheat dust (3291)

Characteristic	Value			Caratteristica
Particle size<500 µm [% by weight]	100			Dimensione <500 µm [% peso]
Particle size<250 µm [% by weight]	71	100		Dimensione <250 µm [% peso]
Particle size<125 µm [% by weight]	14			Dimensione <125 µm [% peso]
Particle size<63 µm [% by weight]	8		100	Dimensione <63 µm [% peso]
Particle size<32 µm [% by weight]	7			Dimensione <32 µm [% peso]
Median Value [µm]	215	<215	<63	Mediana [µm]
Moisture Content [% by weight]	12			Contenuto umidità [% del peso]
Explosibility	St 1		St 1	Esplosività
Combustibility BZ	2	2		Combustibilità BZ

BZ2 significa che la polvere di frumento duro analizzata prende fuoco brevemente e si estingue rapidamente, sia complessivamente che sola la frazione minore di 0.25 mm. La frazione minore di 0.06 mm, più fine, ha le stesse caratteristiche ST1 di esplosività del campione completo.

*Dati forniti da / data provided by:*GESTIS-STAUB-EX database, provided by BGIA - Institute for Occupational Safety and Health of the German Social Accident Insurance (DGUV) www.dguv.de/bgia/gestis-dust-ex

Detailed information on: Wheat, Argentinian (without oil) (*3330*)

Characteristic	Value	Caratteristica
Particle size <500 μm [% by weight]	80	Dimensione <500 μm [% peso]
Particle size <250 μm [% by weight]	74	Dimensione <250 μm [% peso]
Particle size <125 μm [% by weight]	66	Dimensione <125 μm [% peso]
Particle size <63 μm [% by weight]	58	Dimensione <63 μm [% peso]
Particle size <32 μm [% by weight]	50	Dimensione <32 μm [% peso]
Median Value [μm]	32	Mediana [μm]
Moisture Content [% by weight]	10	Contenuto umidità [% del peso]
Max.Ex-Overpressure [bar]	7,7	Sovrappressione max. espl. [bar]
K_{St} Value [bar m/s]	116	K$_{St}$ Valore [bar m/s]
Explosibility	St 1	Esplosività
Minimum Ignition Energy [mJ]	>10	Energia minima di ignizione [mJ]
Ignition Temperature BAM [°C]	430	T. Accensione Nuvola BAM [°C]
Combustibility BZ	2	Combustibilità BZ

Detailed information on: Wheat, Argentinian (0.125 l oil/t) (*3331*)

Characteristic	Value	Caratteristica
Particle size <500 μm [% by weight]	77	Dimensione <500 μm [% peso]
Particle size <250 μm [% by weight]	60	Dimensione <250 μm [% peso]
Particle size <125 μm [% by weight]	43	Dimensione <125 μm [% peso]
Particle size <63 μm [% by weight]	32	Dimensione <63 μm [% peso]
Particle size <32 μm [% by weight]	26	Dimensione <32 μm [% peso]
Median Value [μm]	175	Mediana [μm]
Moisture Content [% by weight]	11	Contenuto umidità [% del peso]
Max.Ex-Overpressure [bar]	7,7	Sovrappressione max. espl. [bar]
K_{St} Value [bar m/s]	86	K$_{St}$ Valore [bar m/s]
Explosibility	St 1	Esplosività
Minimum Ignition Energy [mJ]	>100	Energia minima di ignizione [mJ]
Ignition Temperature BAM [°C]	420	T. Accensione Nuvola BAM [°C]
Combustibility BZ	2	Combustibilità BZ

Detailed information on: Wheat, Argentinian (0.25 l oil/t) (*3332*)

Characteristic	Value	Caratteristica
Particle size <500 μm [% by weight]	81	Dimensione <500 μm [% peso]
Particle size <250 μm [% by weight]	71	Dimensione <250 μm [% peso]
Particle size <125 μm [% by weight]	58	Dimensione <125 μm [% peso]
Particle size <63 μm [% by weight]	44	Dimensione <63 μm [% peso]
Particle size <32 μm [% by weight]	30	Dimensione <32 μm [% peso]
Median Value [μm]	90	Mediana [μm]
Moisture Content [% by weight]	11	Contenuto umidità [% del peso]
Max.Ex-Overpressure [bar]	7,8	Sovrappressione max. espl. [bar]
K_{St} Value [bar m/s]	81	K_{St} Valore [bar m/s]
Explosibility	St 1	Esplosività
Minimum Ignition Energy [mJ]	>100	Energia minima di ignizione [mJ]
Ignition Temperature BAM [°C]	430	T. Accensione Nuvola BAM [°C]
Combustibility BZ	2	Combustibilità BZ

*Dati forniti da / data provided by:*GESTIS-STAUB-EX database, provided by BGIA - Institute for Occupational Safety and Health of the German Social Accident Insurance (DGUV) www.dguv.de/bgia/gestis-dust-ex

Detailed information on: Wheat (3466)

Characteristic	Value				Caratteristica
Particle size <500 µm [% by weight]	91				Dimensione <500 µm [% peso]
Particle size <250 µm [% by weight]	89	100			Dimensione <250 µm [% peso]
Particle size <125 µm [% by weight]	84				Dimensione <125 µm [% peso]
Particle size <63 µm [% by weight]	78		100	100	Dimensione <63 µm [% peso]
Particle size <32 µm [% by weight]	70				Dimensione <32 µm [% peso]
Median Value [µm]	<10	<10	<10	<10	Mediana [µm]
Moisture Content [% by weight]	7,9				Contenuto umidità [% del peso]
Lower Ex-Limit [g/m³]			30		Limite inferiore di esplosione [g/mc]
Max.Ex-Overpressure [bar]			7,5		Sovrappressione max. espl. [bar]
K_{St} Value [bar m/s]			120		K_{St} Valore [bar m/s]
Explosibility			St 1		Esplosività
Minimum Ignition Energy [mJ]			>10	>100 n.L.	Energia minima di ignizione [mJ]
Ignition Temperature BAM [°C]			490		T. Accensione Nuvola BAM [°C]
Glowing Temperature [°C]		290			Temperatura di emissione luce [°C]
Combustibility BZ	4	4			Combustibilità BZ

Il campione analizza una polvere presa di frumento. Il campione è abbastanza secco, 8% in peso di umidità. Ha una dimensione media di 0,01 mm, quindi molto fine. La temperatura di accensione di polvere in strato 290°C, è stata misurata sulla sola frazione minore di 0,25 mm. La temperatura di accensione risulta 490°C ed è stata misurata sulla frazione ancora più fine di tale polvere, quella minore di 0.063 mm. Il comportamento di tale polvere risulta BZ4, propaga la brace. La concentrazione minima per originare una esplosione risulta 30 g/mc, valore basso. L'esplosione risulta debole.
La determinazione dell'energia minima di accensione risulta maggiore di 100 mj, valore superiore a quello possedibile da un uomo, pari a 10 mj.

Detailed information on: Wheat (78 %) (3375)

Characteristic	Value			Caratteristica
Particle size <500 µm [% by weight]	100			Dimensione <500 µm [% peso]
Particle size <250 µm [% by weight]	99	100		Dimensione <250 µm [% peso]
Particle size <125 µm [% by weight]	94			Dimensione <125 µm [% peso]
Particle size <63 µm [% by weight]	88		100	Dimensione <63 µm [% peso]
Particle size <32 µm [% by weight]	84			Dimensione <32 µm [% peso]
Median Value [µm]	<10	<10	<10	Mediana [µm]
Moisture Content [% by weight]	11			Contenuto umidità [% del peso]
Explosibility			(St 2)	Esplosività
Ignition Temperature BAM [°C]			470	T. Accensione Nuvola BAM [°C]

Characteristic	Value		Caratteristica
Combustibility BZ	2	3	Combustibilità BZ

*Dati forniti da / data provided by:*GESTIS-STAUB-EX database, provided by BGIA - Institute for Occupational Safety and Health of the German Social Accident Insurance (DGUV) www.dguv.de/bgia/gestis-dust-ex

Detailed information on: Wheat abrasion (3452) Abrasione di Frumento

Characteristic	Value		Caratteristica
Particle size <125 µm [% by weight]	100		Dimensione <125 µm [% peso]
Particle size <63 µm [% by weight]	99	100	Dimensione <63 µm [% peso]
Particle size <32 µm [% by weight]	96		Dimensione <32 µm [% peso]
Median Value [µm]	<10	<10	Mediana [µm]
Moisture Content [% by weight]	9,0		Contenuto umidità [% del peso]
Ignition Temperature BAM [°C]		400	T. Accensione Nuvola BAM [°C]
Glowing Temperature [°C]	270		Temperatura di emissione luce [°C]
Combustibility BZ	4		Combustibilità BZ

Detailed information on: Wheat abrasion (3457)

Characteristic	Value					Caratteristica
Particle size <500 µm [% by weight]	68	100				Dimensione <500 µm [% peso]
Particle size <250 µm [% by weight]	64		100			Dimensione <250 µm [% peso]
Particle size <125 µm [% by weight]	58					Dimensione <125 µm [% peso]
Particle size <63 µm [% by weight]	49			100	100	Dimensione <63 µm [% peso]
Particle size <32 µm [% by weight]	37					Dimensione <32 µm [% peso]
Median Value [µm]	70	<70	<70	<63	<63	Mediana [µm]
Moisture Content [% by weight]	9,7	9,7				Contenuto umidità [% del peso]
Lower Ex-Limit [g/m³]				30		Limite inferiore di esplosione [g/mc]
Max.Ex-Overpressure [bar]		7,2		7,6		Sovrappressione max. espl. [bar]
K_{St} Value [bar m/s]		106		118		K_{St} Valore [bar m/s]
Explosibility		St 1		St 1		Esplosività
Minimum Ignition Energy [mJ]				>30	>30 n.L.	Energia minima di ignizione [mJ]
Ignition Temperature BAM [°C]				450		T. Accensione Nuvola BAM [°C]
Glowing Temperature [°C]			290			Temperatura di emissione luce [°C]
Combustibility BZ		3	4			Combustibilità BZ

Dati forniti da / data provided by:GESTIS-STAUB-EX database, provided by BGIA - Institute for Occupational Safety and Health of the German Social Accident Insurance (DGUV) www.dguv.de/bgia/gestis-dust-ex

Detailed information on: Wheat abrasion (_3322_)

Characteristic	Value	Caratteristica
Particle size <500 µm [% by weight]	98	Dimensione <500 µm [% peso]
Particle size <250 µm [% by weight]	96	Dimensione <250 µm [% peso]
Particle size <125 µm [% by weight]	92	Dimensione <125 µm [% peso]
Particle size <63 µm [% by weight]	85	Dimensione <63 µm [% peso]
Particle size <32 µm [% by weight]	72	Dimensione <32 µm [% peso]
Median Value [µm]	12	Mediana [µm]
Moisture Content [% by weight]	14	Contenuto umidità [% del peso]
Minimum Ignition Energy [mJ]	>100	Energia minima di ignizione [mJ]
Combustibility BZ	4	Combustibilità BZ

XX.6 POLVERI DI MAIS

*Dati forniti da / data provided by:*GESTIS-STAUB-EX database, provided by BGIA - Institute for Occupational Safety and Health of the German Social Accident Insurance (DGUV) www.dguv.de/bgia/gestis-dust-ex

Detailed information on: Yellow maize (USA) (*109*)

Characteristic	Value			Caratteristica
Particle size <250 µm [% by weight]		100		Dimensione <250 µm [% peso]
Particle size <125 µm [% by weight]	84			Dimensione <125 µm [% peso]
Particle size <71 µm [% by weight]	71			Dimensione <71 µm [% peso]
Particle size <63 µm [% by weight]			100	Dimensione <63 µm [% peso]
Particle size <32 µm [% by weight]	54			Dimensione <32 µm [% peso]
Particle size <20 µm [% by weight]	40			Dimensione <20 µm [% peso]
Median Value [µm]	28	<28	<28	Mediana [µm]
Lower Ex-Limit [g/m^3]	60			Limite inferiore di esplosione [g/mc]
Max.Ex-Overpressure [bar]	9,4			Sovrappressione max. espl. [bar]
K_{St} Value [bar m/s]	75			K_{St} Valore [bar m/s]
Explosibility	St 1		St 1	Esplosività
Ignition Temperature G-G [°C]	(440)			T. Accensione Nuvola G-G [°C]
Glowing Temperature [°C]	280			Temperatura di emissione luce[°C]
Combustibility BZ		3		Combustibilità BZ

Detailed information on: Maize (*110*)

Characteristic	Value			Caratteristica
Particle size <500 µm [% by weight]	46			Dimensione <500 µm [% peso]
Particle size <250 µm [% by weight]		100		Dimensione <250 µm [% peso]
Particle size <63 µm [% by weight]			100	Dimensione <63 µm [% peso]
Median Value [µm]	550	<250	<63	Mediana [µm]
Lower Ex-Limit [g/m^3]			30	Limite inferiore di esplosione[g/mc]
Max.Ex-Overpressure [bar]	n.i.			Sovrappressione max. espl. [bar]
Explosibility			St 1	Esplosività
Ignition Temperature G-G [°C]	780			T. Accensione Nuvola G-G [°C]
Glowing Temperature [°C]	410			Temperatura di emissione luce[°C]
Combustibility BZ		3		Combustibilità BZ

*Dati forniti da / data provided by:*GESTIS-STAUB-EX database, provided by BGIA - Institute for Occupational Safety and Health of the German Social Accident Insurance (DGUV) www.dguv.de/bgia/gestis-dust-ex

Detailed information on: Maize (*111*)

Characteristic	Value			Caratteristica
Particle size <500 μm [% by weight]	22			Dimensione <500 μm [% peso]
Particle size <250 μm [% by weight]		100		Dimensione <250 μm [% peso]
Particle size <63 μm [% by weight]			100	Dimensione <63 μm [% peso]
Median Value [μm]	1450	<250	<63	Mediana [μm]
Lower Ex-Limit [g/m³]	500			Limite inferiore di esplosione[g/mc]
Max.Ex-Overpressure [bar]	4,0			Sovrappressione max. espl. [bar]
K_{St} Value [bar m/s]	7			K_{St} Valore [bar m/s]
Explosibility	St 1		(St 2)	Esplosività
Ignition Temperature G-G [°C]	530			T. Accensione Nuvola G-G [°C]
Glowing Temperature [°C]	460			Temperatura di emissione luce[°C]
Combustibility BZ		3		Combustibilità BZ

Detailed information on: Maize grits (*1256*)

Characteristic	Value		Caratteristica
Particle size <500 μm [% by weight]	100		Dimensione <500 μm [% peso]
Particle size <250 μm [% by weight]	99		Dimensione <250 μm [% peso]
Particle size <125 μm [% by weight]	66		Dimensione <125 μm [% peso]
Particle size <63 μm [% by weight]	29	100	Dimensione <63 μm [% peso]
Particle size <32 μm [% by weight]	19		Dimensione <32 μm [% peso]
Median Value [μm]	90	<63	Mediana [μm]
Lower Ex-Limit [g/m³]		200	Limite inferiore di esplosione[g/mc]
Explosibility		St 1	Esplosività
Minimum Ignition Energy [mJ]		10/100	T. Accensione Nuvola G-G [°C]
Ignition Temperature BAM [°C]		400	Temperatura di emissione luce[°C]
Combustibility BZ	2		Combustibilità BZ

Detailed information on: Maize (2633)

Characteristic	Value	Caratteristica
Median Value [µm]	2000	Mediana [µm]
Moisture Content [% by weight]	9,8	Contenuto umidità [% del peso]
Minimum Ignition Energy [mJ]	$300/3*10^3$	Energia minima di ignizione [mJ]

Detailed information on: Maize powder (2642)

Characteristic	Value	Caratteristica
Median Value [µm]	800	Mediana [µm]
Moisture Content [% by weight]	14	Contenuto umidità [% del peso]
Minimum Ignition Energy [mJ]	$300/3*10^3$	Energia minima di ignizione [mJ]

Detailed information on: Maize powder (3074)

Characteristic	Value			Caratteristica
Particle size <500 µm [% by weight]	97			Dimensione <500 µm [% peso]
Particle size <250 µm [% by weight]	97	100		Dimensione <250 µm [% peso]
Particle size <125 µm [% by weight]	96			Dimensione <125 µm [% peso]
Particle size <63 µm [% by weight]	94		100	Dimensione <63 µm [% peso]
Particle size <32 µm [% by weight]	92			Dimensione <32 µm [% peso]
Median Value [µm]	<10	<10	<10	Mediana [µm]
Moisture Content [% by weight]	8,0			Contenuto umidità [% del peso]
Explosibility	(St 2)		(St 2)	Esplosività
Combustibility BZ	2	2		Combustibilità BZ

*Dati forniti da / data provided by:*GESTIS-STAUB-EX database, provided by BGIA - Institute for Occupational Safety and Health of the German Social Accident Insurance (DGUV) www.dguv.de/bgia/gestis-dust-ex

Detailed information on: Maize flour (3501)

Characteristic	Value			Caratteristica
Particle size <500 µm [% by weight]	100			Dimensione <500 µm [% peso]
Particle size <250 µm [% by weight]	88	100		Dimensione <250 µm [% peso]
Particle size <125 µm [% by weight]	63			Dimensione <125 µm [% peso]
Particle size <63 µm [% by weight]	42		100	Dimensione <63 µm [% peso]
Particle size <32 µm [% by weight]	5			Dimensione <32 µm [% peso]
Median Value [µm]	90	<90	<63	Mediana [µm]
Moisture Content [% by weight]	8,0			Contenuto umidità [% del peso]
Lower Ex-Limit [g/m³]			60	Limite inferiore di esplosione[g/mc]
Max.Ex-Overpressure [bar]			6,7	Sovrappressione max. espl. [bar]
K_{St} Value [bar m/s]			127	K_{St} Valore [bar m/s]
Explosibility			St 1	Esplosività
Minimum Ignition Energy [mJ]			>10	Energia minima di ignizione [mJ]
Ignition Temperature BAM [°C]			440	Temperatura di emissione luce[°C]
Combustibility BZ	2	2		Combustibilità BZ

XX.7 POLVERI DI CEREALI MISTE

Dati forniti da / data provided by:GESTIS-STAUB-EX database, provided by BGIA - Institute for Occupational Safety and Health of the German Social Accident Insurance (DGUV) www.dguv.de/bgia/gestis-dust-ex

Detailed information on: Grain (2035)

Characteristic	Value	Caratteristica
Particle size<500 µm [% by weight]	82	Dimensione <500 µm [% peso]
Particle size<250 µm [% by weight]	58	Dimensione <250 µm [% peso]
Particle size<125 µm [% by weight]	40	Dimensione <125 µm [% peso]
Particle size<71 µm [% by weight]	24	Dimensione <71 µm [% peso]
Median Value [µm]	160	Mediana [µm]
Max.Ex-Overpressure [bar]	9,3	Sovrappressione max. espl. [bar]
K_{St} Value [bar m/s]	89	K_{St} Valore [bar m/s]
Explosibility	St 1	Esplosività
Ignition Temperature G-G [°C]	490	T. Accensione Nuvola G-G [°C]
Glowing Temperature [°C]	290	Temperatura di emissione luce[°C]

La polvere di cereale analizzata è di granulometria media, l'80% è minore di 0.5 mm. 0.16 mm è il valore medio della granulometria.   La temperatura di ignizione della polvere   in aria vale 490°C(Ignition Temperature), in strato (Glowing Temperature) 290°C. Si ricorda che la glowing temperature è quella temperatura per cui dopo 2 ore di esposizione si ha luminescenza nel campione. L'esplosività è blanda.

Detailed information on: **Grain, dust from silo** (3327)

Characteristic	Value			Caratteristica
Particle size<250 µm [% by weight]	100	100		Dimensione <500 µm [% peso]
Particle size<125 µm [% by weight]	98	98		Dimensione <250 µm [% peso]
Particle size<63 µm [% by weight]	90	90	100	Dimensione <63 µm [% peso]
Particle size<32 µm [% by weight]	66	66		Dimensione <32 µm [% peso]
Median Value [µm]	18	18	<18	Mediana [µm]
Moisture Content [% by weight]	4,7	<4,7	<4,7	Contenuto umidità [% del peso]
Explosibility	(St 2)		(St 2)	Esplosività
Ignition Temperature BAM [°C]	400			Temperatura di emissione luce[°C]
Combustibility BZ	2	2		Combustibilità BZ

Il campione analizza una polvere presa da un silo. Risulta formato da una miscela di polvere di cereali.
Il campione analizzato ha una dimensione media di 0,18 mm. Il 100% ha dimensione minore di 0.25 mm
La temperatura di accensione di tale polvere risulta 400°C. Prende fuoco brevemente e si estingue rapidamente (BZ2). La caratteristica dell'esplosione (St2) non varia al diminuire della granulometria.
La polvere analizzata genera una esplosione.(St2)

*Dati forniti da / data provided by:*GESTIS-STAUB-EX database, provided by BGIA - Institute for Occupational Safety and Health of the German Social Accident Insurance (DGUV) www.dguv.de/bgia/gestis-dust-ex

Detailed information on: **Grain, silo dust (maize, wheat, oats, barley, rye)** (*5081*)

Characteristic	Value			Caratteristica
Particle size <500 µm [% by weight]	93			Dimensione <500 µm [% peso]
Particle size <250 µm [% by weight]	92	100		Dimensione <250 µm [% peso]
Particle size <125 µm [% by weight]	90			Dimensione <125 µm [% peso]
Particle size <63 µm [% by weight]	88		100	Dimensione <63 µm [% peso]
Particle size <32 µm [% by weight]	71			Dimensione <32 µm [% peso]
Median Value [µm]	12	<12	<12	Mediana [µm]
Moisture Content [% by weight]	9,8	3,6	3,6	Contenuto umidità [% del peso]
Lower Ex-Limit [g/m³]			100	Limite inferiore di esplosione[g/mc]
Explosibility			St 1	Esplosività
Combustibility BZ		4		Combustibilità BZ

Il campione analizza una polvere presa da un silo. Risulta formato da una miscela di polvere di granturco, frumento, avena, orzo, segale.

Il campione analizzato ha una dimensione media di 0,12 mm. Il 92% ha dimensione minore di 0.25 mm

La parte di campione con granulometria minore di 0,25 mm in peso propaga la brace. (BZ4)

La parte di campione con granulometria minore di 0,063 mm in peso ha un LEL di 100 g/mc e genera una debole esplosione.

XX.8 POLVERI D'AVENA

*Dati forniti da / data provided by:*GESTIS-STAUB-EX database, provided by BGIA - Institute for Occupational Safety and Health of the German Social Accident Insurance (DGUV) www.dguv.de/bgia/gestis-dust-ex

Detailed information on: Oats, USA (108)

Characteristic	Value			Caratteristica
Particle size <500 µm [% by weight]	64			Dimensione <500 µm [% peso]
Particle size <250 µm [% by weight]		100		Dimensione <250 µm [% peso]
Particle size <125 µm [% by weight]	24			Dimensione <125 µm [% peso]
Particle size <71 µm [% by weight]	8			Dimensione <63 µm [% peso]
Particle size <63 µm [% by weight]			100	Dimensione <32 µm [% peso]
Median Value [µm]	295	<250	<63	Mediana [µm]
Lower Ex-Limit [g/m^3]	750			Limite inferiore di esplosione [g/mc]
Max.Ex-Overpressure [bar]	6,0			Sovrappressione max. espl. [bar]
K_{St} Value [bar m/s]	14			K_{St} Valore [bar m/s]
Explosibility	St 1		St 1	Esplosività
Ignition Temperature G-G [°C]	(410)			T. Accensione Nuvola G-G [°C]
Glowing Temperature [°C]	350			Temperatura di emissione luce[°C]
Combustibility BZ		3		Combustibilità BZ

Detailed information on: Oat (3117)

Characteristic	Value		Caratteristica
Particle size <500 µm [% by weight]	100		Dimensione <500 µm [% peso]
Particle size <250 µm [% by weight]	99		Dimensione <250 µm [% peso]
Particle size <125 µm [% by weight]	99		Dimensione <125 µm [% peso]
Particle size <63 µm [% by weight]	98	100	Dimensione <63 µm [% peso]
Particle size <32 µm [% by weight]	97		Dimensione <32 µm [% peso]
Median Value [µm]	<10	<10	Mediana [µm]
Minimum Ignition Energy [mJ]		>10	Energia minima di ignizione [mJ]
Ignition Temperature BAM [°C]	430	430	Temperatura di emissione luce[°C]

XX.9   POLVERI D'ORZO

*Dati forniti da / data provided by:*GESTIS-STAUB-EX database, provided by BGIA - Institute for Occupational Safety and Health of the German Social Accident Insurance (DGUV) www.dguv.de/bgia/gestis-dust-ex

Detailed information on: Barley (*3014*)

Characteristic	Value			Caratteristica
Particle size <500 μm [% by weight]	79			Dimensione <500 μm [% peso]
Particle size <250 μm [% by weight]	51	100		Dimensione <250 μm [% peso]
Particle size <125 μm [% by weight]	25			Dimensione <125 μm [% peso]
Particle size <63 μm [% by weight]	8		100	Dimensione <63 μm [% peso]
Particle size <32 μm [% by weight]	3			Dimensione <32 μm [% peso]
Median Value [μm]	240	<240	<63	Mediana [μm]
Lower Ex-Limit [g/m³]			125	Limite inferiore di esplosione [g/mc]
Max.Ex-Overpressure [bar]			7,7	Sovrappressione max. espl. [bar]
K_{St} Value [bar m/s]			83	K_{St} Valore [bar m/s]
Explosibility			St 1	Esplosività
Minimum Ignition Energy [mJ]			>100	Energia minima di ignizione [mJ]
Ignition Temperature BAM [°C]			400	Temperatura di emissione luce[°C]
Combustibility BZ	2	4		Combustibilità BZ

Detailed information on: Barley, Canada (*107*)

Characteristic	Value			Caratteristica
Particle size <500 μm [% by weight]	77			Dimensione <500 μm [% peso]
Particle size <250 μm [% by weight]		100		Dimensione <250 μm [% peso]
Particle size <125 μm [% by weight]	35			Dimensione <125 μm [% peso]
Particle size <71 μm [% by weight]	20			Dimensione <71 μm [% peso]
Particle size <63 μm [% by weight]			100	Dimensione <63 μm [% peso]
Median Value [μm]	210	<210	<63	Mediana [μm]
Lower Ex-Limit [g/m³]	750			Limite inferiore di esplosione [g/mc]
Max.Ex-Overpressure [bar]	7,4			Sovrappressione max. espl. [bar]
K_{St} Value [bar m/s]	29			K_{St} Valore [bar m/s]
Explosibility	St 1		St 1	Esplosività
Ignition Temperature G-G [°C]	(420)			T. Accensione Nuvola G-G [°C]
Glowing Temperature [°C]	290			Temperatura di emissione luce[°C]
Combustibility BZ		4		Combustibilità BZ

Dati forniti da / data provided by: GESTIS-STAUB-EX database, provided by BGIA - Institute for Occupational Safety and Health of the German Social Accident Insurance (DGUV) www.dguv.de/bgia/gestis-dust-ex

Detailed information on: Barley, USA (*106*)

Characteristic	Value			Caratteristica
Particle size <500 µm [% by weight]	88			Dimensione <500 µm [% peso]
Particle size <250 µm [% by weight]		100		Dimensione <250 µm [% peso]
Particle size <125 µm [% by weight]	26			Dimensione <125 µm [% peso]
Particle size <71 µm [% by weight]	8			Dimensione <71 µm [% peso]
Particle size <63 µm [% by weight]			100	Dimensione <63 µm [% peso]
Median Value [µm]	190	<190	<63	Mediana [µm]
Lower Ex-Limit [g/m³]	750			Limite inferiore di esplosione [g/mc]
Max.Ex-Overpressure [bar]	5,2			Sovrappressione max. espl. [bar]
K_{St} Value [bar m/s]	10			K_{St} Valore [bar m/s]
Explosibility	St 1		St 1	Esplosività
Ignition Temperature G-G [°C]	(440)			T. Accensione Nuvola G-G [°C]
Glowing Temperature [°C]	300			Temperatura di emissione luce[°C]
Combustibility BZ		4		Combustibilità BZ

Detailed information on: Barley, cleaned grain (*3453*)

Characteristic	Value		Caratteristica
Particle size <250 µm [% by weight]	100		Dimensione <250 µm [% peso]
Particle size <63 µm [% by weight]		100	Dimensione <63 µm [% peso]
Median Value [µm]	<250	<63	Mediana [µm]
Moisture Content [% by weight]	11		Contenuto umidità [% del peso]
Ignition Temperature BAM [°C]		380	T. Accensione Nuvola BAM [°C]
Glowing Temperature [°C]	n.g.u.450		Temperatura di emissione luce[°C]
Combustibility BZ	2		Combustibilità BZ

Detailed information on: Barley, cleaning dust (*3434*)

Characteristic	Value			Caratteristica
Particle size <500 µm [% by weight]	58			Dimensione <500 µm [% peso]
Particle size <250 µm [% by weight]	38	100		Dimensione <250 µm [% peso]
Particle size <125 µm [% by weight]	22			Dimensione <125 µm [% peso]
Particle size <63 µm [% by weight]	15		100	Dimensione <63 µm [% peso]
Particle size <32 µm [% by weight]	12			Dimensione <32 µm [% peso]
Median Value [µm]	400	<250	<63	Mediana [µm]
Moisture Content [% by weight]	7,2			Contenuto umidità [% del peso]
Ignition Temperature BAM [°C]			430	T. Accensione Nuvola BAM [°C]
Glowing Temperature [°C]		280		Temperatura di emissione luce[°C]
Combustibility BZ	4	4		Combustibilità BZ

XX.10   POLVERI DI SEGALE

*Dati forniti da / data provided by:*GESTIS-STAUB-EX database, provided by BGIA - Institute for Occupational Safety and Health of the German Social Accident Insurance (DGUV) www.dguv.de/bgia/gestis-dust-ex

Detailed information on: Rye flour, type 1150 (2067)

Characteristic	Value	Caratteristica
Particle size <125 µm [% by weight]	94	Dimensione <125 µm [% peso]
Particle size <71 µm [% by weight]	76	Dimensione <71 µm [% peso]
Particle size <32 µm [% by weight]	58	Dimensione <32 µm [% peso]
Particle size <20 µm [% by weight]	15	Dimensione <20 µm [% peso]
Median Value [µm]	29	Mediana [µm]
Max.Ex-Overpressure [bar]	8,9	Sovrappressione max. espl. [bar]
K_{St} Value [bar m/s]	79	K_{St} Valore [bar m/s]
Explosibility	St 1	Esplosività
Limit. Oxygen Conc. [% by vol.]	13	Concentrazione limite Ossigeno[% volume]
Ignition Temperature G-G [°C]	490	T. Accensione Nuvola G-G [°C]
Glowing Temperature [°C]	n.g.u.450	Temperatura di emissione luce[°C]

Detailed information on: Rye flour, type 1150 (2068)

Characteristic	Value	Caratteristica
Particle size <71 µm [% by weight]	78	Dimensione <71 µm [% peso]
Particle size <32 µm [% by weight]	49	Dimensione <32 µm [% peso]
Particle size <20 µm [% by weight]	32	Dimensione <20 µm [% peso]
Median Value [µm]	34	Mediana [µm]
Lower Ex-Limit [g/m^3]	30	Limite inferiore di esplosione [g/mc]
Max.Ex-Overpressure [bar]	8,5	Sovrappressione max. espl. [bar]
K_{St} Value [bar m/s]	53	K_{St} Valore [bar m/s]
Explosibility	St 1	Esplosività
Minimum Ignition Energy [mJ]	>300	Energia minima di ignizione [mJ]
Ignition Temperature G-G [°C]	470	T. Accensione Nuvola G-G [°C]
Glowing Temperature [°C]	n.g.u.450	Temperatura di emissione luce[°C]

XX.11 POLVERI DI RISO

*Dati forniti da / data provided by:*GESTIS-STAUB-EX database, provided by BGIA - Institute for Occupational Safety and Health of the German Social Accident Insurance (DGUV) www.dguv.de/bgia/gestis-dust-ex

Detailed information on: Rice (3445)

Characteristic	Value				Caratteristica
Particle size <500 μm [% by weight]	99				Dimensione <500 μm [% peso]
Particle size <250 μm [% by weight]	92	100			Dimensione <250 μm [% peso]
Particle size <125 μm [% by weight]	76				Dimensione <125 μm [% peso]
Particle size <63 μm [% by weight]	57		100	100	Dimensione <63 μm [% peso]
Particle size <32 μm [% by weight]	14				Dimensione <32 μm [% peso]
Median Value [μm]	60	<60	<60	<60	Mediana [μm]
Moisture Content [% by weight]	10				Contenuto umidità [% del peso]
Lower Ex-Limit [g/m^3]			30		Limite inferiore di esplosione [g/mc]
Max.Ex-Overpressure [bar]			8,6		Sovrappressione max. espl. [bar]
K_{St} Value [bar m/s]			66		K_{St} Valore [bar m/s]
Explosibility			St 1		Esplosività
Minimum Ignition Energy [mJ]			>5	>100 n.L.	Energia minima di ignizione [mJ]
Ignition Temperature BAM [°C]			380		T. Accensione Nuvola BAM [°C]
Glowing Temperature [°C]		290			Temperatura di emissione luce[°C]
Combustibility BZ	5	5			Combustibilità BZ

*Dati forniti da / data provided by:*GESTIS-STAUB-EX database, provided by BGIA - Institute for Occupational Safety and Health of the German Social Accident Insurance (DGUV) www.dguv.de/bgia/gestis-dust-ex

Detailed information on: Rice, dust waste (3444)

Characteristic	Value				Caratteristica
Particle size <500 µm [% by weight]	48				Dimensione <500 µm [% peso]
Particle size <250 µm [% by weight]	19	100			Dimensione <250 µm [% peso]
Particle size <125 µm [% by weight]	6				Dimensione <125 µm [% peso]
Particle size <63 µm [% by weight]	2		100	100	Dimensione <63 µm [% peso]
Particle size <32 µm [% by weight]	1				Dimensione <32 µm [% peso]
Median Value [µm]	530	<250	<63	<63	Mediana [µm]
Moisture Content [% by weight]	6,8				Contenuto umidità [% del peso]
Lower Ex-Limit [g/m^3]			30		Limite inferiore di esplosione [g/mc]
Max.Ex-Overpressure [bar]			6,4		Sovrappressione max. espl. [bar]
K_{St} Value [bar m/s]			25		K_{St} Valore [bar m/s]
Explosibility			St 1		Esplosività
Minimum Ignition Energy [mJ]			>30	>300 n.L.	Energia minima di ignizione [mJ]
Ignition Temperature BAM [°C]			390		T. Accensione Nuvola BAM [°C]
Glowing Temperature [°C]		330			Temperatura di emissione luce[°C]
Combustibility BZ	2	2			Combustibilità BZ

Detailed information on: Rice, ground (3358)

Characteristic	Value		Caratteristica
Particle size <500 µm [% by weight]	92		Dimensione <500 µm [% peso]
Particle size <250 µm [% by weight]	69	100	Dimensione <250 µm [% peso]
Particle size <125 µm [% by weight]	6		Dimensione <125 µm [% peso]
Particle size <63 µm [% by weight]7	1		Dimensione <63 µm [% peso]
Median Value [µm]	225	<225	Mediana [µm]
Moisture Content [% by weight]	6,6		Contenuto umidità [% del peso]
Max.Ex-Overpressure [bar]	5,7		Sovrappressione max. espl. [bar]
K_{St} Value [bar m/s]	17		K_{St} Valore [bar m/s]
Explosibility	St 1		Esplosività
Combustibility BZ	3	3	Combustibilità BZ

XXI FONTI PRINCIPALI UTILIZZATE

Per il presente studio sono state analizzate diverse pubblicazioni sia cartacee che online. Vengono riportate di seguito quelle fondamentali utilizzate:

XXI.1 INTERNAZIONALI

Americane

Authors Explosion Investigation Subpanel, Panel on Causes and Prevention of Grain Elevator Explosions, Committee on Evaluation of Industrial Hazards, Commission on Engineering and Technical Systems, National Research Council
Publisher The National Academies Press (NAP), Copyright © 1983, National Academy of Sciences

Prevention of Grain Elevator and mill explosions, 146 pagine.
(1982) (National Academy of Science -USA)
books.nap.edu/openbook.php?record_id=10953
La pubblicazione è leggibile online free ed non è in vendita.

Guidelines for the Investigation of Grain Dust Explosions, 46 pagine
(1983) (National Academy of Science -USA)
books.nap.edu/catalog.php?record_id=10954
La pubblicazione è leggibile online free ed non è in vendita.

OSHA (Occupational Safety & Health Administration)
Grain Handling Facilities Standard 29 CFR 1910.272
www.osha.gov/SLTC/grainhandling/index.html

Kansas State University,
United States Agricultural Dust Explosion Information
www.oznet.ksu.edu/pr_histpubs/Dust_Exp.htm

United States department of Agriculture (USDA)
www.usda.gov/wps/portal/usdahome

National Agricultural Statistics Service
http://www.nass.usda.gov/Publications/Ag_Statistics/

Canadesi
Saskatchewan Agriculture and Food's Agriculture Knowledge Centre
http://www.agriculture.gov.sk.ca/AKC

XXI.2 EUROPEE

DIRETTIVA 94/9/CE DEL PARLAMENTO EUROPEO E DEL CONSIGLIO del 23 marzo 1994
concernente il ravvicinamento delle legislazioni degli Stati membri relative agli apparecchi e sistemi di protezione destinati a essere utilizzati in atmosfera potenzialmente esplosiva
http://europa.eu/eur-lex/it/consleg/pdf/1994/it_1994L0009_do_001.pdf

Francesi
INRS Institut Nationale de Recherche e de Sécurité,
http://www.inrs.fr
Ed845 La filière Grains -Prévention de risques de incendie et de explosion de poussières dans les opérations de stockage
Ed846 Silos Grains -Prévention de risques de incendie et de explosion de poussières dans les opérations de stockage

Ministère de l'Écologie, de l'Energie, du Développement durable et de la Mer
BARPI - Bureau d'Analyse des Risques et Pollutions Industrielles (BARPI), Risk Prevention Department
ARIA database ((Analyse, Recherche et Information sur les Accidents- Analysis, Research and Information on Accidents)
http://www.aria.developpement-durable.gouv.fr/

Italiane

Marzio Marigo La deflagrazione delle polveri e le direttive ATEX (EPC libri)

Associazione Industriali Mugnai e Pastai d'Italia . Manuale per la valutazione dei rischi nel settore molitorio ai sensi del D.lgs 626/94 (Avenue Media - Bologna)

ITALMOPA (Associazione Industriali Mugnai e Pastai d'Italia) Manuale per la Valutazione dei rischi di esplosione nell'industria molitoria (Avenue Media – Bologna)

Il 23 marzo 1994, il Consiglio d'Europa ha adottato la direttiva 94/9/EC (nota come " ATEX 95 " a causa dell'abbreviazione francese di atmosphere explosible) per omogeneizzare le legislazioni degli stati membri riguardo alle attrezzature ed ai sistemi di protezione usati in atmosfere esplosive (Gazzetta Ufficiale CEE L 100,19.04.94)

Decreto del Presidente della Repubblica del 23/03/1998 *n. 126. Regolamento recante norme per l'attuazione della direttiva 94/9/CE in materia di apparecchi e sistemi di protezione destinati ad essere utilizzati in atmosfera potenzialmente esplosiva.*
Attuazione della direttiva 1999/92/CE relativa alle prescrizioni minima per il miglioramento della tutela della sicurezza e della salute dei lavoratori esposti al rischio di atmosfere esplosive. (16 Dicembre 1999)
http://ec.europa.eu/enterprise/atex/dir92-it.pdf

Guida all'applicazione della direttiva 94/9/ce del parlamento europeo e del consiglio, del 23 marzo 1994, concernente il ravvicinamento delle legislazioni degli stati membri relative agli apparecchi e sistemi di protezione destinati a essere utilizzati in atmosfera potenzialmente esplosiva–Maggio 2000 - Direzione generale Imprese della Commissione europea. Aggiornamento 2008 in Inglese
http://ec.europa.eu/enterprise/atex/guide/index.htm

Decreto del Presidente della Repubblica del 23/03/1998 n. 126. *Regolamento recante norme per l'attuazione della direttiva 94/9/CE in materia di apparecchi e sistemi di protezione destinati ad utilizzati in atmosfera potenzialmente esplosiva. Gazzetta Ufficiale - Serie generale - del 04/05/1998 n. 101,*

DECRETO LEGISLATIVO 12 giugno 2003, n. 233 - *Attuazione della direttiva 1999/92/CE relativa alle prescrizioni minime per il miglioramento della tutela della sicurezza e della salute dei lavoratori esposti al rischio di atmosfere esplosive. (pubblicato nella Gazzetta Ufficiale italiana n. 197 del 26 agosto 2003)*

Tedesche
HVBG- Berufsgenossenschaftliches Institut für Arbeitsschutz - BGIA
(Istituto per la sicurezza e igiene sul lavoro)
GESTIS DUST EX (Database Combustion and explosion characteristics of dusts)

HVBG   Haupt Verband der Gewerblichen Berufsgenossenschaften, Institutions for statutory accident insurance and prevention;
BIA   Berufsgenossenschaftliches Institut für Arbeitssicherheit;
BGIA   Institute for Occupational Safety and Health;

Immagini di esplosioni nei silos:

http://www3.gendisasters.com
http://labs.lib.ksu.edu/dlib/grainElevator/Thumbnails/index.shtml

APPENDICE

Henderson, KY, Ellis Grain Co. Elevator

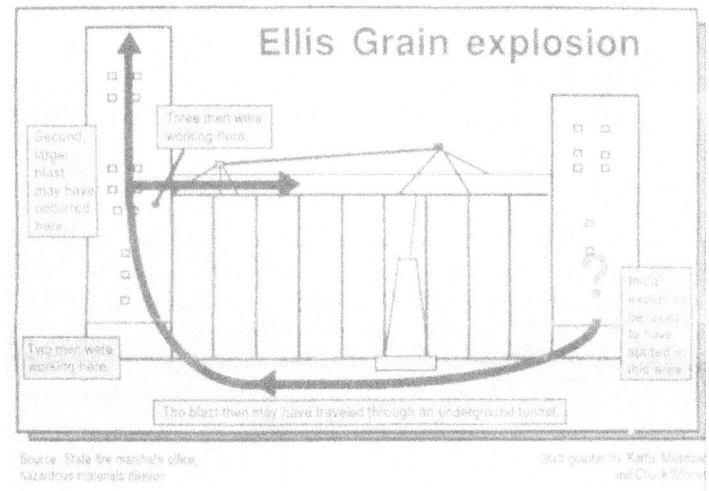

Henderson, KY, Ellis Grain Co. Elevator
18 Gennaio 1988, 3 morti, 2 feriti

Fonte Kansas State University, http://labs.lib.ksu.edu/dlib/

A.1) *Valori del US bureau of mines*

Explosive Properties of Common Grain Dusts [26]

Type of Dust	Maximum Pressure (kPa)	Maximum Rate of Pressure Rise (MPa/s)	Ignition Temperature		Minimum Ignition Energy (J)	Lower Explosive Limit (g/m^3)
			Cloud (°C)	Layer (°C)		
Alfalfa meal	455	7.6	460	200	0.32	100
Cereal grass	360	3.5	550	220	0.80	200
Corn	655	41	400	250	0.04	55
Corncob grit	760	21	450	240	0.045	45
Corn dextrin pure	725	48	400	370	0.04	40
Cornstarch commercial product	745	48	380	330	0.04	45
Cornstarch through 325 mesh	790	62	390	350	0.03	40
Flax shive	560	5.5	430	230	0.08	80
Grain dust, winter wheat, corn, oats	790	38	430	230	0.03	55
Grass seed, blue	165	1.4	490	180	0.26	290
Rice	640	18	440	220	0.05	50
Rice bran	420	9	490	---	0.08	45
Safflower meal	580	20	460	210	0.025	55
Soy flour	540	5.5	540	190	0.10	60
Soy protein	660	65	520	260	0.05	35
Wheat, untreated	710	25	500	220	0.06	65
Wheat flour	655	26	380	360	0.05	50
Wheat starch, edible	690	45	420	---	0.025	45
Wheat straw	680	41	470	220	0.050	55

29

A . 2) *Produzione italiana di Frumento*

Anni	Tenero Ton	Duro	Totale milioni ton	Media anno milioni ton
1995-2005	35.298.760	47.417.969	82,72	7,52

Produzioni di frumento tenero e duro

Anni	Frumento Tenero				Frumento Duro			
	Superfici ha	Produzioni t	Raccolti t	Rese t/ha	Superfici ha	Produzioni t	Raccolti t	Rese t/ha
1995	841.337	3.786.970	3.763.790	4,50	1.623.177	4.167.153	4.092.880	2,57
1996	793.592	3.767.266	3.746.142	4,75	1.628.400	4.419.005	4.263.377	2,71
1997	700.882	3.028.793	3.000.869	4,32	1.665.239	3.885.516	3.757.483	2,33
1998	698.418	3.466.399	3.447.721	4,96	1.629.534	4.994.596	4.890.580	3,07
1999	696.633	3.259.162	3.228.288	4,68	1.690.633	4.688.088	4.514.494	2,77
2000	665.730	3.172.517	3.151.591	4,77	1.664.033	4.469.320	4.313.028	2,69
2001	625.177	2.801.682	2.789.287	4,48	1.664.195	3.708.291	3.624.042	2,23
2002	682.055	3.411.239	3.279.932	5,00	1.733.261	4.472.282	4.267.831	2,58
2003	577.325	2.522.053	2.511.955	4,37	1.688.834	3.814.706	3.717.499	2,26
2004	581.840	3.110.860	3.093.015	5,35	1.772.132	5.666.222	5.545.706	3,20
2005	602.835	3.298.108	3.286.080	5,47	1.520.061	4.567.156	4.431.049	3,00
2006	591.122				1.459.835			

FONTE : ISTAT .

A.3) *Stato attuale della legislazione Italiana ed Europea*

Non esiste per quanto noto una normativa Italiana dedicata agli impianti di trattamento cereali sia in linea generale che in linea specifica per quanto riguarda porzioni di impianto, come ad esempio gli stoccaggi di cereali. Esistono delle raccomandazioni francesi relative ai silos di cereali ed al ciclo produttivo dei cereali.

Esistono attualmente delle norme che *indirettamente* riguardano gli impianti lavorazione di cereali in quanto al loro interno si può formare un'atmosfera potenzialmente esplosiva. Dal 1 Luglio 2003 non è permesso nella Comunità Europea vendere apparecchi (destinati a lavorare in zone con atmosfera potenzialmente esplosive) qualora non conformi alla direttiva ATEX 94/9, ad eccezione dei pezzi di ricambio per macchine già in uso prima del 30.06.2003. I luoghi di lavoro esistenti dovranno conformarsi alle direttive ATEX 137 entro il 30.06.2006

Lo stato italiano ha recepito le seguenti direttive europee:

- Direttiva CEE 94/9/CE Apparecchi e sistemi di protezione destinati ad essere utilizzati in atmosfera esplosiva (ATEX 95), recepita in Italia con DPR n.126 del 23/03/1998, *Norme di attuazione della direttiva 94/9/CE in materia di apparecchi e sistemi di protezione destinati ad essere utilizzati in atmosfera potenzialmente esplosiva.*

- Direttiva CEE 99/92/CE (ATEX 137), recepita in Italia con D.lgs n.233 del 12/06/2003, *Attuazione della direttiva 1999/92/CE relativa alle prescrizioni minime per il miglioramento della tutela della sicurezza e della salute dei lavoratori esposti al rischio di atmosfere esplosive.*

Sono state inoltre emanate delle norme relative riguardanti principalmente gli impianti elettrici:

- EN 50281-1-2/ CEI 31-36 Costruzioni elettriche per atmosfere esplosive per la presenza di polveri combustibili, Costruzioni elettriche protette da custodia. Scelta installazione e manutenzione

- EN 50281-1-1/ CEI 31-37 Costruzioni elettriche per atmosfere esplosive per la presenza di polveri combustibili, Costruzioni elettriche protette da custodia. Costruzione e prova.

- EN 50281-3/ CEI 31-52 Costruzioni per atmosfere esplosive per la presenza di polveri combustibile, parte 3: classificazione dei luoghi dove sono o possono essere polveri combustibili.

- EN 50281-2-1/ CEI 31-38 Costruzioni elettriche destinate all'uso in ambiente con la presenza di polveri combustibili, Metodi di prova per la determinazione della temperatura minima di accensione della polvere.

A.4) Determinazione del valore medio convenzionale della vita umana.

Essendo il rischio espresso da Probabilità x Danno, si è ottenuto sicuramente un abbattimento notevole del rischio, essendo variate sostanzialmente la probabilità di accadimento delle esplosioni ed i danni conseguenti. Uno dei maggiori problemi italiani è la quantificazione della vita umana. La riduzione della probabilità di morte comporta una riduzione del rischio. I valori riportati sono convenzionali, ovvero non rappresentano il valore della vita umana, fatto da lasciare ad assicuratori, filosofi e affini, ma sono semplicemente un numero da applicare nei calcoli per poter eseguire confronti. I valori sono quelli pubblicati da EPA, ente governativo americano. In valori 2006 7 milioni di dollari corrispondevano a circa 5 milioni di euro. Il frumento nel 2006 valeva circa 150 €/tonnellata. Il valore convenzionale di una vita umana equivaleva nel 2006 a circa 33.333 tonnellate di frumento.

http://yosemite.epa.gov/ee/epa/eed.nsf/5d2662e86b2ebff485256c2c005406b3/1749f11781cb1783852574d600 72445a!OpenDocument

Table 1: VALUE OF STATISTICAL LIFE ESTIMATES
(mean values in millions of 2006 dollars)

Study	Method	Value of Statistical Life $
Kneisner and Leeth (1991 - US)	Labor Market	,85
Smith and Gilbert (1984)	Labor Market	,97
Dillingham (1985)	Labor Market	1,34
Butler (1983)	Labor Market	1,58
Miller and Guria (1991)	Contingent Valuation	1,82
Moore and Viscusi (1988)	Labor Market	3,64
Viscusi, Magat and Huber (1991)	Contingent Valuation	4,01
Marin and Psacharopoulos (1982)	Labor Market	4,13
Gegax et al. (1985)	Contingent Valuation	4,86
Kneisner and Leeth (1991 - Australia)	Labor Market	4,86
Gerking, de Haan and Schulze (1988)	Contingent Valuation	4,98
Cousineau, Lecroix and Girard (1988)	Labor Market	5,34
Jones-Lee (1989)	Contingent Valuation	5,59
Dillingham (1985)	Labor Market	5,71
Viscusi (1978, 1979)	Labor Market	6,07
R.S. Smith (1976)	Labor Market	6,80
V.K. Smith (1976)	Labor Market	6,92
Olson (1981)	Labor Market	7,65
Viscusi (1981)	Labor Market	9,60
RS.Smith (1974)	Labor Market	10,57
Moore and Viscusi (1988)	Labor Market	10,69
Kneisner and Leeth (1991 - Japan)	Labor Market	11,18
Herzog and Schlottman (1987)	Labor Market	13,36
Leigh and Folsom (1984)	Labor Market	14,21
Leigh (1987)	Labor Market	15,31
Garen (1988)	Labor Market	19,80
	Media/Mean	**6,99**

Derived from U.S. EPA (1997) and Viscusi (1992); Updated to 2006$ with GDP deflator.

Questo libro è stato scritto con/ Book write with:

Sistema Operativo Ubuntu 8.04 Long Term Support, Hardy Heron (Linux)

Ubuntu prende il nome da un'antica parola africana che significa umanità agli altri, oppure io sono ciò che sono per merito di ciò che siamo tutti. La distribuzione Ubuntu migra lo spirito di Ubuntu nel mondo del software.

Il Software è liberamente scaricabile dal sito www.ubuntu-it.org

OpenOffice.org 3.1 versione Italiana.

Il Software è liberamente scaricabile dal sito www.it.openoffice.org

Traduzione/Translation/Traduction/Übersetzen/Traduccion:

(Dizionario on line multi-traduttore in più lingue)

WOxikon, www.Woxikon.it

Giorgio Demontis, Luciano Cadoni, Fabio Sassu

STATISTICHE DELLE ESPLOSIONI NEI CEREALI E VALUTAZIONE DEL RISCHIO

Statistics and Likelihood of Grain Explosions

Avvertenze:

Il presente lavoro è stato controllato più volte con la massima cura e diligenza.

Stante la grande quantità di numeri e concetti esposti può esservi comunque ancora qualche errore o imprecisione, di cui si declina ogni responsabilità. Essendo stato fornito il metodo di calcolo e le fonti di dati pubbliche di base, rimane sotto la esclusiva responsabilità degli utilizzatori verificare quanto utilizzato.

Nel caso troviate errori sarete menzionati e vi verrà inviata una copia elettronica aggiornata.

Annotazioni

Nel 2009 una sintesi del libro è stata pubblicata sulla rivista Informazione n.113 (Ott-Dic 2009), rivista dell'ordine degli ingegneri della provincia di Cagliari Titolo "*Polveri di cereali negli impianti di stoccaggio e probabilità di esplosione* "

Giugno 2010 – Giorgio Demontis. Sono state riformattate diverse tabelle. Pag.26: 1978 è stato corretto in 1977. Pag.80.E' stata corretta la tabella 76, probabilità di esplosione in Italia. Pag.81: E' stata inserita l'esplosione di Fossano.

Ad agosto 2010 è stato girato un esperimento sulle polveri di farina, attualmente in parte su you tube.

(https://www.youtube.com/watch?v=e_piyMj-6SE)

Nel 2012 una sintesi del libro è stata pubblicata in inglese sulla rivista "Tecnica molitoria International,vol 63 issue 13/a" , titolo dell'articolo *"Frequency of Dust Explosion in Grain Storage"*

06 2015 alcuni dataset usati sono stati resi pubblici nel portale *www.researchgate.com*

Novembre 2015 Ringrazio il collega Goffredo Azzi per aver rilevato e gentilmente segnalato diversi errori di ortografia.

Sono state controllate le tabelle 72,73,74,75 a pag 75 e seguenti. Sono state modificate le zone colorate.

www.ingramcontent.com/pod-product-compliance
Lightning Source LLC
Chambersburg PA
CBHW081053170526
45165CB00006B/2258